C语言程序设计
上机实验及学习指导

（第 2 版）

编 著 王珊珊 朱 敏 刘 佳 钱忠民

南京大学出版社

内容简介

本书是作者编写的另一本理论教材《C程序设计基础(第2版)》(清华大学出版社)的配套教材。既可用作大学各专业学习C语言的初学者的实践教材,又可以用作全国或江苏计算机等级考试二级C语言的学习和辅导教材。

本书内容丰富,主要包含四部分内容。第一部分为上机实验,包括与理论教材中各章配套的上机实验共十一个。第二部分为与理论教材对应的共十一章的精选知识点、例题及解析、练习题。第三部分为课程设计。第四部分为笔试样卷及答案。附录A的学生为要求掌握的基本算法,附录B为第二部分练习题参考答案。

本书适用于大学本科理工类各专业学习C程序设计语言,同时也适用于自学C语言的读者。

图书在版编目(CIP)数据

C语言程序设计上机实验及学习指导 / 王珊珊等编著
. —2版. —南京:南京大学出版社,2019.12(2024.1重印)
 ISBN 978 - 7 - 305 - 22735 - 6

Ⅰ. ①C… Ⅱ. ①王… Ⅲ. ①C语言—程序设计—高等
学校—教学参考资料 Ⅳ. ①TP312.8

中国版本图书馆 CIP 数据核字(2019)第 267472 号

出版发行　南京大学出版社
社　　址　南京市汉口路 22 号　　　邮　编　210093
书　　名　C语言程序设计上机实验及学习指导(第2版)
编　　著　王珊珊　朱　敏　刘　佳　钱忠民
责任编辑　王秉华　蔡文彬　　　　编辑热线　025 - 83597482
照　　排　南京开卷文化传媒有限公司
印　　刷　广东虎彩云印刷有限公司
开　　本　787 mm×1092 mm　1/16　印张 13　字数 317 千
版　　次　2019 年 12 月第 2 版　2024 年 1 月第 3 次印刷
ISBN 978 - 7 - 305 - 22735 - 6

定　　价　36.00 元
网　　址:http://www.njupco.com
官方微博:http://weibo.com/njupco
微信服务号:njuyuexue
销售咨询热线:(025)83594756

前　言

C 语言是由 UNIX 的研制者、美国贝尔实验室的 Dennis Ritchie 和 Ken Thompson 于 1970 年研制出来的,它伴随着计算机的发展走到了今天。

C 是一种支持过程化的、实用的程序设计语言,是高校学生学习程序设计的一门必修专业课程,同时也是编程人员广泛使用的工具。学好 C,可以触类旁通其他语言,如 C++、Java、C♯ 和 VB 等。

本书是作者编写的另一本理论教材《C 程序设计基础(第 2 版)》(清华大学出版社)的配套教材,是作者在总结过去近三十年的教学和编程实践经验的基础上编写而成的。本书内容丰富,既可用作大学各专业学习 C 语言的初学者的实践教材,又可用作全国或江苏计算机等级考试二级 C 语言的学习和辅导教材。本书目前被用作南京航空航天大学本科理工科各专业的程序设计实践教材。

本书主要包含四部分内容。第一部分为上机实验,介绍集成开发环境 VS2010,在该环境中开发 C 语言程序,同时给出了理论教材中各章的配套上机实验共十一个。第二部分为各章知识点、例题及解析、练习题,针对各章理论教学的每个知识点、教学难点和重点,给出例题并做出详尽的解析,在各章的最后给出本章练习题供同学自行练习,巩固理论教学内容。第三部分为课程设计,给出课程设计的总体要求,并提供三个课程设计选题供选择。第四部分为笔试样卷及答案。教材最后的附录 A 内容为要求掌握的基本算法,附录 B 为第二部分各章练习题参考答案。

第 2 版对第 1 版做了改进,将实验环境由 V C++6.0 变为 VS2010,对各章例题和练习题进行了更新和补充,课程设计选题二和选题三使用了新选题,更新了笔试样卷及答案。本书在教材编写组充分酝酿和讨论的基础上编写而成,第一部分由王珊珊执笔;第二部分的第 1～3、10～11 章由朱敏执笔,第 4～6 章由刘佳执笔,第 7～9 章由钱忠民执笔;第三部分由王珊珊、刘佳、钱忠民执笔。全书由王珊珊负责统稿。王珊珊仔细通读了本书,在基本概念以及文字叙述上做了把关。参加本书编写工作的还有张志航、张定会、朱玉莲、刘绍翰、张卓莹和潘梅园老师。

本书的建议学时为:上机实验 50 小时、课程设计 16 小时、理论教学 32 学时(内容另行安排)。本书全部例题和练习题均在 VS2010 环境中通过编译和运行。

本书难免会存在疏漏、不妥和错误之处,恳请专家和广大读者指教和商榷。几位作者的电子邮件为:shshwang@nuaa.edu.cn(王珊珊),zhumcn@163.com(朱敏),liujia@nuaa.edu.cn(刘佳),qzm_mail@nuaa.edu.cn(钱忠民)。

《C 语言程序设计上机实验及学习指导》教材编写组

2019 年 11 月

目　录

第一部分　上机实验

一、上机环境介绍 ··· 3

　1. VS2010 集成环境和程序开发过程简介 ············· 3

　2. VS2010 程序调试 ··· 10

二、上机实验内容 ··· 14

　实验一　VS2010 开发环境和运行多个 C 程序的方法 ······· 15

　实验二　数据类型、运算符和表达式 ···················· 17

　实验三　标准设备的输入/输出 ···························· 22

　实验四　C 语言的流程控制 ······························· 25

　实验五　函　　数 ··· 27

　实验六　编译预处理 ······································· 29

　实验七　数　　组 ··· 30

　实验八　结构体、共用体和枚举类型 ···················· 35

　实验九　指　　针 ··· 37

　*实验十　链表及其算法 ··································· 40

　实验十一　数据文件的使用 ······························· 42

第二部分　各章知识点、例题及解析、练习题及答案

第1章　C语言概述 ··· 47

第2章　数据类型、运算符和表达式 ···························· 50

第3章　标准设备的输入/输出 ································· 60

第4章　C语言的流程控制 ····································· 65

第5章　函数 ··· 81

第6章　编译预处理 ··· 104

第7章　数组 ··· 110

第8章　结构体、共用体和枚举类型 ……………………………………… 124

第9章　指针 …………………………………………………………………… 135

＊第10章　链表及其算法 …………………………………………………… 154

第11章　数据文件的使用 …………………………………………………… 161

第三部分　C语言课程设计

课程设计总体要求 …………………………………………………………… 171

菜单设计练习 ………………………………………………………………… 173

选题一:简单数学问题(难度等级 B) ……………………………………… 175

选题二:多功能计算器(难度等级 A/B) …………………………………… 177

选题三:成绩管理系统(难度等级 A) ……………………………………… 183

第四部分　笔试样卷及答案

试卷样卷 ……………………………………………………………………… 189

试卷答案 ……………………………………………………………………… 196

附录A　要求掌握的基本算法 ……………………………………………… 199

附录B　习题答案 …………………………………………………………… 201

第一部分
上 机 实 验

一、上机环境介绍

1. VS2010 集成环境和程序开发过程简介

VS2010 开发环境中集成了编辑器、编译器、连接器以及程序调试环境,覆盖了应用程序开发的整个过程,用户在这里可以开发出完整的应用程序。

程序开发的步骤一般是:输入源程序文件(即编辑)、编译、连接、运行、调试和修改,如图1-1 所示。

图 1-1

上图最后一步,若运行出错,需要调试和修改程序。

上机实验步骤如下:

1. 建立文件夹,存放自己的实验内容

一般来说,机房 D 盘开放给同学使用,为了防止病毒,D 盘当天晚上 12 点清空。在开发程序之前,在 D 盘建立一个以自己的学号姓名命名的文件夹,如"051910199 张三",用于存放本次实验内容。

2. 启动 VS2010

可用下述两种方法之一,启动后界面如图 1-2 所示。

图 1-2

（1）双击桌面应用程序图标 启动。根据机房设置，此图标可能存放在桌面某个子文件夹中，比如"应用程序"子文件夹中。

（2）从任务栏"开始"菜单中，找到"Microsoft Visual Studio 2010"应用程序，单击启动。

3. 通过 VS2010 项目管理，开发 C 语言控制台程序

在图 1-2 中，可以通过下述四种方法之一，启动新建项目：

① "文件"菜单|"新建"|"项目"

② 工具栏"新建项目"按钮

③ 起始页上的"新建项目"按钮

④ 快捷键 Ctrl+Shift+N

然后进入图 1-3 所示界面。

图 1-3

在图 1-3 中，按照如下步骤操作，进入图 1-4 所示界面。

① 选择"Visual C++"。

② 选择"Win32 控制台应用程序"。

③ 输入项目"名称(N)"MyPro，"名称"根据自己的需要取名，"项目方案名称(M)"会随着项目"名称(N)"而变化。

④ 单击"浏览"按钮，选择项目文件夹 MyPro 的存储"位置(L)"，一般选择开始实验时第 1 步已创建的文件夹即 D 盘的文件夹"051910199 张三"。项目 MyPro 中所包含的跟项目有关的多个文件均存储于 MyPro 文件夹中，而文件夹 MyPro 存储在文件夹"D:\051910199 张三"中。

⑤ 取消勾选"为解决方案创建目录""添加到源代码管理"，即把前面方形勾选项取消。

⑥ 按"确定"按钮，进入图 1-4。

图 1-4

单击图 1-4 中的"下一步"按钮,进入图 1-5。

图 1-5

在图 1-5 中,勾选"空项目",点击"完成"按钮,进入图 1-6。

在图 1-6 窗口左上角的"解决方案资源管理器"中,可以看到已生成的项目解决方案 MyPro。初始时该项目是空的,需要给项目添加源程序,右击"源文件"可添加.c 源文件,右击"头文件"可添加.h 头文件(现在暂时不考虑头文件,后续章节会使用)。

如图 1-7 所示,右击"源文件"选"添加""新建项",进入图 1-8。

在图 1-8 中:

① 选择"代码"。

② 选择"C++文件(.cpp)"(注意若此步选择"头文件(.h)",则创建头文件)。

图 1-6

图 1-7

③ 输入 C 语言源程序名 ex0101.c,表示创建实验一第 1 题的 C 语言源程序,注意必须输入文件扩展名.c,否则默认创建的是.cpp,即C++语言源程序。源文件的存储"位置(L)"默认在文件夹"D:\051910199 张三\MyPro"中。

④ 点击"浏览"按钮改变源文件的存储位置,把所有的源文件都存储在"D:\051910199 张三"中,这样便于完成实验后上交作业或拷贝"带走"源程序。

⑤ 点击"添加"按钮,进入图 1-9。

在图 1-9 中可见,"项目方案资源管理器"的"源文件"下有源程序"ex0101.c",现在可在"源程序编辑窗口"中输入如图 1-9 中所示的源程序(注意该窗口标题也是 ex0101.c),然

图 1-8

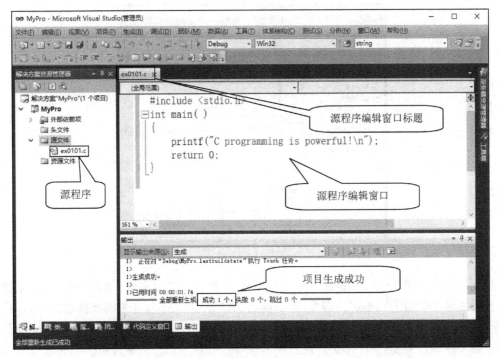

图 1-9

后执行菜单"生成(B)"中的"生成解决方案(B)(快捷键 F7)"或"重新生成解决方案(R)(快捷键 Ctrl+Alt+F7)"命令,产生可执行程序。最后执行程序,即执行菜单"调试(D)"中的"开始执行(不调试)(H)(快捷键 Ctrl+F5)"命令,程序执行结果如图 1-10 所示。该图背景及文字颜色已调整,实际上背景是黑色、文字是白色。可按任意键关闭该窗口。

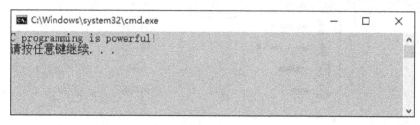

图 1-10

一个项目完成后,可以执行图 1-9 窗口中的"文件(F)"菜单中的"关闭解决方案(T)"命令关闭当前项目,再从头开始创建另一个新项目。但是这样处理非常麻烦,因为每次编程都要创建新项目。

下面介绍一个简单办法,每次上机实验只需创建一个项目:当完成一个源程序后,将当前源程序从项目中移除,然后再在当前项目中新建另一源程序,如此循环,可在一次实验时,仅创建一个项目,也能完成多个源程序。

如何从一个项目中移除一个源程序,如图 1-11 所示:右击解决方案"源文件"下的源程序名,如 ex0101.c,选择"从项目中排除"即可。

图 1-11

然后,可以从图 1-6 开始,在一个"空"的项目中,右击"源文件"添加一个新的.c 源文件,开始创建一个新的源程序。当然,对以前已经做好的源程序,如果需要修改,也可以将当前项目清空(即排除所有源程序)后,再重新将以前的源程序添加进来,此时如图 1-7 所示,右击"源文件"时,需要选择"添加""现有项",选择已有程序添加进来即可。

仿照前面的过程,又创建了一个新源程序 ex0102.c,并且在图 1-8 这一步,选择将源程序均放置在文件夹"D:\051910199 张三"中,此时在操作系统中观察文件夹"D:\051910199

张三"中有两个源程序文件 ex0101.c 和 ex0102.c,如图 1-12 所示。将一次实验的源程序
放在一个文件夹中,便于上交或"带走"全部源程序。文件夹 MyPro 中存放的是与项目相关
的多个文件,暂时不必关心。

图 1-12

VS2010 若干使用技巧:

(1) 公共机房开发的源程序"带走"后,下次再来修改,可以先建立一个项目,然后依次
添加、排除需要修改的源程序。注意,公共机房开放给学生使用的 D 盘,一般每天都会清
空,即第 1 天在 D 盘保存的文件,第 2 天就没有了,所以必须备份自己的程序。下次来上
机,需要重新建立项目。

(2) "起始页"中的内容如图 1-13 所示,可以新建、打开项目,或打开最近使用的项目。
使用"视图"菜单"起始页"命令,可以打开和关闭起始页的显示。如果想让起始页始终存在,
可以在"设置"中取消勾选"在项目加载后关闭此页"。

图 1-13

(3) 如果不是在公共机房,而是使用自己的电脑开发程序,已建立的项目下次开机后可以直接打开,方法有两个:在"起始页"上点击最近使用的项目名称,如 MyPro,或在"文件"菜单的"最近使用的项目和解决方案"中选择打开。

2. VS2010 程序调试

程序的开发步骤是:输入源程序、编译、连接、运行,编译连接阶段如果出错,需要修改错误,直至将一个完整、正确的程序设计出来。程序调试是指对程序的查错和排错工作。

程序的错误一般分为语法错误和逻辑错误两种。编译时出现的错误一般是语法错误,可根据编译时给出的"出错信息",判断出现错误的语句。逻辑错误一般指程序算法流程设计和处理上的错误,程序运行结果不正确一般是程序逻辑错误造成的,所以需要根据算法流程来查找出错原因,这不是一件简单的事情,要求对算法的各个环节以及实现算法的各条语句有一个全面充分的认识,才能找出原因。程序的运行错误,往往是由于程序对系统资源的使用不当造成的,一般由程序的逻辑错误引起。注意,一般编译只能查出语法错误,而程序的逻辑错误在编译阶段无法查出,通常只有当运行出错时,才会去查逻辑错。

调试程序一般经过以下几个步骤:

(1) 首先进行人工检查,即静态检查。作为一个程序员应当养成严谨的科学作风,每一步都要严格把关,不把问题留给后面的工序。

为了更有效地进行人工检查,所编写的源程序应力求做到以下几点:

① 采用缩进式书写格式,每行写一条语句,以增强程序的可读性。例如复合语句花括弧的匹配,若采用缩进式书写格式,就不容易出错。

② 在程序中尽可能多地加注释,以帮助理解每段程序的作用。

③ 在编写复杂程序时,不要将全部语句都写在 main 函数中,而要多使用函数,用一个函数来实现一个独立的不可分的功能。这样既易于阅读也便于调试。

(2) 在人工(静态)检查无误后,进入调试。通过编译、运行发现错误的过程称为动态检查。在编译时系统会给出语法错误的信息(包括哪一行有错以及错误类型),可以根据提示信息具体找出程序中的出错之处并改正。应当注意的是:有时提示的出错行并不是真正的出错行,如果在提示的出错行中找不到错误,应当到可能的相关行再找。另外,有时提示的出错类型并非绝对准确,由于出错的情况繁多而且各种错误互有关联,因此要善于分析,找出真正的错误,而不要死抱住提示的出错信息不放。

如果系统提示的出错信息有很多条,应当从第一条开始,由上到下逐一改正。有时显示多条错误信息往往使人感到问题严重,无从下手。其实可能只有 1~2 个错误。例如,若某一变量未定义,编译时就会对所有使用该变量的语句发出错误信息。此时只要在前面增加一个变量定义,所有的相关错误都消除了。因此,在程序中的第一处错误修改完成之后,应立刻重新编译该程序。

(3) 在改正语法错误(包括"错误 error"和"警告 warning")后,程序经过连接(link)就得到可执行程序,即生成了项目解决方案。运行程序,输入程序所需数据,就可得到运行结果。运行时如果出现"运行时错误",则应着重查找程序中的逻辑错误。

在查找错误时,应该对运行结果进行认真分析,判断是否符合题目要求。有的初学者看到针对一组数据输出了正确结果,就认为程序没有问题了,不做认真分析,这是危险的。有时程序比较复杂,难以根据一组数据判断结果是否正确,因为有可能针对另外一组数据程序的运行结果不对。所以应事先设计好一批全面的"实验数据(测试数据)",以验证在各种情况下程序的正确性。

事实上,当程序复杂时,很难把所有可能的输入数据方案全部都测试一遍,选择典型数据即可。

若程序的运行结果不对,大多属于逻辑错误。对这类错误往往需要仔细检查和分析程序逻辑才能发现。可以采用以下方法:

● 先检查流程图有无错误,即算法有无问题,如有错则改正,接着修改程序。将程序与流程图(或伪代码)仔细对照,如果流程图正确,程序的错误会很容易发现。

● 采取"分段检查"的方法。在程序不同的位置加入几个输出(printf)语句,输出有关变量的值,逐段往下检查。直到找到在某段中的变量值不正确为止。这时就把错误局限在这一段中了。不断缩小"查错区",就可能发现错误所在位置。

在学习了函数和数组后,程序变得越来越复杂了,这时可使用 VS2010 提供的强有力的调试工具,跟踪程序的执行找出程序中的错误。下面以一个具体实例,给大家介绍与"分段检查"法类似的简单的程序调试方法。

下列程序的功能是:输入数组的 5 个元素值,将数组元素逆序存储后输出。

```c
#include <stdio.h>

void reverse(int a[], int n)
{   int t, i, j;
    for(i = 0, j = n - 1; i < j; i++, j--)
    {   t = a[i];
        a[i] = a[j];
        a[j] = t;
    }
}
int main()
{   int a[5], i;
    printf("Please input 5 elements: ");
    for(i = 0; i < 5; i++)
        scanf("%d", &a[i]);       //A
    reverse(a, 5);                //B
    for(i = 0; i < 5; i++)        //C
        printf("%d  ", a[i]);
    printf("\n");
    return 0;
}
```

输入以上程序并生成项目解决方案后,按 F10 键,启动并进入调试状态,界面如图 1-14 所示,图中程序左侧有一个黄色的向右的箭头,表示当前正在执行的语句,每按一次

F10键(F10可实现**单步跟踪执行**),执行一条语句。在执行过程中,把鼠标放在某个变量名上可观察变量的当前值。假定本程序运行时输入的数组5个元素值是1、2、3、4、5,如图1－14所示,若将鼠标放在数组名上并点击下面的"＋"号,则可观察数组全部元素的值。又如,若将鼠标放在变量i上,可以观察i的值。另外在下面的"自动窗口"中也可以观察数组元素和变量的值。在调试过程中,可以随时结束调试,方法是执行"调试"菜单"停止调试"命令(或按快捷键shift＋F5)。

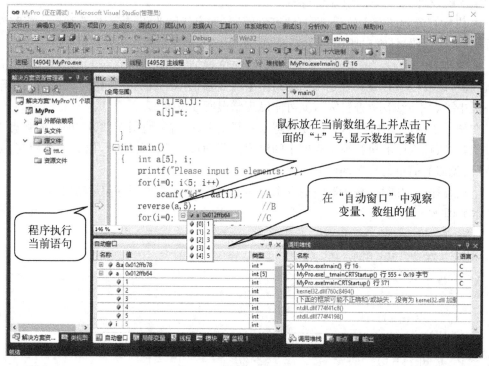

图1－14

在调试阶段,各常用快捷键及功能如表1－1所示。

表1－1　常用调试快捷键及功能

快捷键	功　　能	菜单命令
F10	单步跟踪执行,不进入被调用函数	调试|逐过程
F11	单步跟踪执行,进入被调用函数	调试|逐语句
Shift＋F5	退出调试状态	调试|停止调试
F5	执行到下一个断点处	调试|启动调试/继续
F9	在光标所在行设置/取消断点	调试|切换断点

在图1－14中,调试上述程序时,按一次F10键,执行一条语句,当执行到A行时,无法继续执行,因为程序等待输入数据,可以在Windows的任务栏中切换到程序的数据输入窗口,在提示信息"Please input 5 elements:"后输入5个任意数据,例如输入1 2 3 4 5,按"回车"键后,再从任务栏回到程序调试窗口。当执行到B行,遇到reverse()函数调用语句

时,如果不想跟踪进入被调函数,则按 F10 键(被调函数一次执行完毕),如果想跟踪进入被调函数,则按一次 F11 键,进入被调函数后再按 F10 键单步跟踪执行。

在调试程序时,有时感觉程序的某些部分不需要单步执行,例如循环输入数组元素时,或者已经确认一段程序是正确的,此时可以在程序的某处设置一个断点,让程序跳过不需要单步跟踪的部分,一次性执行到断点处,再观察程序执行到断点处各变量的变化情况。

设置、取消断点的方法是,在光标所在当前行按 F9 键,F9 是一个开关键,按一次设置,再按一次取消。若将某行设置为断点,则此行的左边出现一个棕红色的圆点,取消断点后,棕红色圆点消失。若程序中设置了断点,可以按 F5 键将程序运行到第一个断点处,暂停,等待调试的下一动作,程序员观察完毕,可以继续按 F5 键执行到下一断点,也可以按 F10 键继续单步执行。

例如,调试上述程序时,可在 B 行和 C 行分别设置第 1 个和第 2 个断点。按 F5 键开始调试,程序执行到第 1 个断点(期间需要输入数据)处暂停,程序员观察 a 数组中的值,然后按 F5 键,执行到第 2 个断点处,再次观察 a 数组中的值,以确认 reverse() 函数是否执行正确。

再次提醒,在调试过程中,可以随时结束调试,方法是执行"调试"菜单"停止调试"命令(或按快捷键 Shift+F5)。

二、上机实验内容

目的：

（1）熟悉 VS2010 程序开发集成环境，掌握 C 语言程序开发步骤。

（2）通过多次上机实习，加深对课堂教学内容的理解。

（3）学会上机调试程序。

要求：

（1）每次上机前复习课堂上讲过的内容，预习实验内容。对于实验内容的每一题，以书面形式编写好程序，人工检查无误后才能上机，以提高上机效率。书面编写的程序应以缩进式书写风格书写整齐。编程时，思路要放开，应尽可能用多种算法实现。

程序缩进式的书写风格 基本要求如下：（说明：教材中和学习指导中部分内容没有按照这个格式书写是为了节省版面）

① 每行写一条语句；

② #include 和 main 之间空一行；

③ int main 下一行的行首输入开花括号后立刻输入回车键；

④ 变量定义语句和可执行语句之间空一行；

⑤ 函数之间空一行；

⑥ 同一层次的缩进，开花括号和闭花括号要在同一列上；

⑦ 变量定义语句，如 int x，y，z；每个逗号之后、下一个变量之前空一格。

（2）上机实习时应独立思考，刚开始上机时，对于一些编译错误，若自己解决不了，可请老师帮助解决。随着上机次数的增加，同学对编译出错信息等应该有意识地做一些积累，达到最终能独立调试程序的目的。

（3）每次上机结束后，应将程序按教师指定的方法上交，并整理出实验报告，内容包括：题目及源程序清单。同学可准备一个笔记本或活页夹，将每次上机实验通过的源程序记录于此本中，以备复习或与别的同学交流算法。另外也需要准备一个 U 盘，用于保存源程序。

（4）本书包括 11 个实验，可在 U 盘上建立文件夹"C 语言实验程序"，并在其下建立 11 个子文件夹，每个子文件夹中保存相应实验的源程序及数据文件清单。文件夹结构如下：

例如:实验一中的程序存放在 ex01 子文件夹中,各题的源程序名按题号分别是 ex0101.c、ex0102.c、ex0103.c、ex0104.c 等等,其余实验源程序的命名依此类推。

实验一　VS2010 开发环境和运行多个 C 程序的方法

一、目的要求

1. 掌握 C 语言源程序的基本结构,掌握程序缩进式的书写风格。
2. 掌握开发 C 语言程序的方法与步骤:编译、连接、运行和调试。
3. 熟悉 VS2010 集成环境,掌握连续运行多个 C 语言源程序的方法。

二、实验内容

注意:每次上机时,在编写程序之前,为防止病毒传染,请同学首先清理工作盘 D 盘(可快速格式化)。然后在 D 盘建立文件夹,用于将当次实验所做的项目及源程序存于该文件夹下。文件夹的命名为学生自己的学号、姓名以及上机周数(亦可按照自己的任课教师指定的方法),如"031910899 张三 01 周",以后每次上机实验均照此办理。

请按照上机实验第一部分"上机环境介绍"中的步骤建立项目并添加源程序,生成项目解决方案,并运行程序。源程序的命名按照一定的规则,建议的规则是"ex 实验号题目号.c",实验号和题目号各占 2 位,例如 ex0101.c 表示实验一第 1 题,ex0706.c 表示实验七第 6 题。

1. 输入并运行以下程序,观察运行结果

```c
#include <stdio.h>

int main()
{
    printf("I am studying ");
    printf("the C Programming Language.");
    printf("\n");
    return 0;
}
```

2. 输入并运行以下程序,程序功能:输入两个数,计算两整数之和,输出结果

```c
#include <stdio.h>

int main()
{
    int a, b, c;

    scanf("%d%d", &a, &b);
```

```
    c = a + b;
    printf("The sum of A and B is: %d\n", c);
    return 0;
}
```

输入数据时,数据之间必须使用空白字符(<空格>、< TAB >或<回车>)分隔。
因此下述三种方式均可正确输入数据:

① 12 <空格> 6 <回车>

② 12 <回车>

　　6 <回车>

③ 12 < TAB > 6 <回车>

多次运行程序,用不同分隔符分隔输入数据,观察运行结果。

3. 利用求两数之大者的函数,求三数之最大者。源程序为:

```
# include < stdio. h >

int maxx(int x, int y) //求 x 和 y 的较大值
{
    int result;

    if(x > = y)
        result = x;
    else
        result = y;

    return(result);
}

int main()
{
    int a, b, c, m2, m3;

    scanf("%d%d%d", &a, &b, &c);
    m2 = maxx(a, b);
    m3 = maxx(m2, c);
    printf("The max of A , B and C is: %d\n", m3);
    return 0;
}
```

运行程序,任意输入三个数,验证程序的正确性。

4. 将上题源程序 ex0103. c 复制到 ex0104. c 中,将 main()函数与 maxx()函数交换位置,在 main 函数之前增加函数原型声明语句,再运行,看看效果如何。

```
#include <stdio.h>

int maxx(int x, int y);  //函数原型声明语句,函数必须先声明再调用

int main()
{
    int a, b, c, m2, m3;

    scanf("%d%d%d", &a, &b, &c);
    m2 = maxx(a, b);
    m3 = maxx(m2, c);
    printf("The max of A , B and C is:%d\n", m3);
    return 0;
}

int maxx(int x, int y)
{
    int result;

    if(x >= y)
        result = x;
    else
        result = y;

    return(result);
}
```

实验二 数据类型、运算符和表达式

一、目的要求

1. 学会使用运算符和表达式,掌握自加(++)和自减(−−)运算符的使用。
2. 掌握赋值运算符和表达式、逗号运算符和表达式。
3. 掌握不同数据类型相互赋值时的赋值原则,掌握强制类型转换原则。
4. 运行程序前,先人工分析出运行结果,与实际运行结果加以对照,并思考原因。

二、实验内容

1. 首先人工分析以下程序运行结果,然后运行程序加以验证。
```
#include <stdio.h>
```

```
int main()
{
    int x = - 040, y = 0x40;

    printf("%d, %d\n", x, y);
    return 0;
}
```

2. 首先人工分析以下程序运行结果,然后运行程序加以验证。

```
#include <stdio.h>

int main()
{
    int x;

    x = - 3 + 4 * 5 - 6;
    printf("%d\n", x);
    x = 3 + 4 % 5 - 6;
    printf("%d\n", x);
    x = - 3 * 4 % - 6 /5;
    printf("%d\n", x);
    x = (7 + 6) % 5 /2;              //体会 x 是变量的意义
    printf("%d\n", x);
    return 0;
}
```

3. 首先人工分析以下程序运行结果,然后运行程序加以验证。

```
#include <stdio.h>

int main()
{
    char a = '2', b = 'a';          //提示:程序中的单引号必须是英文的
    int c;

    c = b - a;
    printf("%d, %d, %d\n", a, b, c);
    printf("%c, %c, %c\n", a, b, c);
    return 0;
}
```

4. 首先人工分析以下程序运行结果,然后运行程序加以验证。

```
#include <stdio.h>
```

```c
int main()
{
    int i = 7, j = 9, m, n ;

    m = ++ i;
    n = j++ ;
    printf("%d, %d, %d, %d\n", i, j, m, n);
    return 0;
}
```

5. 首先人工分析以下程序运行结果,然后运行程序加以验证。

```c
#include < stdio. h >

int main()
{
    char c1 = 'a', c2 = 'b', c3 = 'c', c4 = '\101', c5 = '\116';

    printf("a%cb%c\tc%c\tabc\n", c1, c2, c3);
    printf("%c%c\n", c4, c5);
    return 0;
}
```

6. 首先人工分析以下程序运行结果,然后运行程序加以验证。

```c
#include < stdio. h >

int main()
{
    int a = 7;
    float x = 2.5, y = 4.7, z;

    z = x + a%3 * (int)(x + y) % 2 /4;
    printf("%f\n", z);
    return 0;
}
```

7. 首先人工分析以下程序运行结果,然后运行程序加以验证。

```c
#include < stdio. h >

int main()
{
    int a = 2, b = 3;
    float x = 3.5, y = 2.5, z;
```

```
        z = (float)(a + b) /2 + (int)x % (int)y;
        printf(" % f\n", z);
        return 0;
}
```

8. 首先人工分析以下程序运行结果,然后运行程序加以验证。

```
# include < stdio. h >

int main()
{
    int a, n;

    a = 12;
    a += a;
    printf(" % d\n", a);

    a = 12;
    a * = 2 + 3;
    printf(" % d\n", a);

    a = 12;
    a /= a + a;
    printf(" % d\n", a);

    a = 12;
    n = 5;
    a % = (n % = 2);
    printf(" % d\n", a);

    a = 12;
    a += a -= a * = a;
    printf(" % d\n", a);
    return 0;
}
```

9. 首先人工分析以下程序运行结果,然后运行程序加以验证。

```
# include < stdio. h >

int main()
{
    int init = 2, result;
```

```
    printf("The result is %d, %d\n", result = init + 8, (result, init));
}
```

10. 首先人工分析以下程序运行结果,然后运行程序加以验证。

```
#include <stdio.h>

int main()
{
    short int a = 32767, b;

    b = a + 1;
    printf("%d, %d\n", a, b);
    return 0;
}
```

11. 首先人工分析以下程序运行结果,然后运行程序加以验证。

```
#include <stdio.h>

int main()
{
    unsigned short int a = 65535;
    short int b;

    b = a;
    printf("%d, %d\n", a, b);
    return 0;
}
```

12. 首先人工分析以下程序运行结果,然后运行程序加以验证。

```
#include <stdio.h>

int main()
{
    short int a = -258;
    char b = a;

    printf("%d\n", b);
    return 0;
}
```

13. 首先人工分析以下程序运行结果,然后运行程序加以验证。

```
#include <stdio.h>
```

```
int main()
{
    unsigned char c1 = 255;
    char c2 = 255;
    int a = c1, b = c2;

    printf("%d, %d\n", a, b);
    return 0;
}
```

*14. 首先人工分析以下程序运行结果,然后运行程序加以验证。

注意:本题为选做题。当第 4 章 C 语言流程控制学习完毕,即可知条件运算符的意义,回来再做此题。

```
#include<stdio.h>

int main()
{
    int x = 1, y = 2, z = 3;

    printf("%d\n", x<y?y:x);
    printf("%d\n", x<y?x++ :y++ );
    printf("%d\n", x);
    printf("%d\n", y);

    x = 3;
    y = z = 4;
    printf("%d\n", (x>=y>=x)?1:0);
    printf("%d\n", z>=y && y>=x);
    return 0;
}
```

实验三　标准设备的输入/输出

一、目的要求

1. 掌握 C 语言中使用最多的一种语句——赋值语句。
2. 掌握数据的输入输出方法,能正确使用各种格式转换符。

二、实验内容

1. 输入并运行以下程序。

```c
#include <stdio.h>

int main()
{
    int a, b;
    long c, d;
    float e, f;
    double x, y;

    scanf("%d, %d", &a, &b);
    scanf("%ld, %ld", &c, &d);
    scanf("%f, %f", &e, &f);
    scanf("%lf, %lf", &x, &y);
    printf("\n");
    printf("a = %7d, b = %7d\n", a, b);
    printf("c = %10ld, d = %10ld\n", c, d);
    printf("e = %10.2f, f = %10.2f\n", e, f);
    printf("x = %lf, y = %lf\n", x, y);
    return 0;
}
```

运行时输入以下数据,请分析运行结果。

123, −456 <回车>

70000, −2174506 <回车>

17.6, −71837.656 <回车>

157.89012123, −0.123456789 <回车>

2. 输入并运行以下程序。

```c
#include <stdio.h>

int main()
{
    unsigned int u, v;
    char c1, c2;

    scanf("%o, %o", &u, &v);
    scanf("%c, %c", &c1, &c2);
    printf("\n");
    printf("u = %o, v = %o\n", u, v);
    printf("u:dec = %d, oct = %o, hex = %x, unsigned = %u\n", u, u, u, u);
    printf("c1 = %c, c2 = %c\n", c1, c2);
```

```
    return 0;
}
```

输入数据：

<u>12,15</u> <回车>

<u>a,b</u> <回车>

请分析运行结果，特别注意输出 c1、c2 的值是什么？什么原因？

在语句"scanf(" % c, % c", &c1, &c2);"之前加一个语句"getchar();"再运行，看看结果如何变化。

3. 完善程序。下面的程序求一元二次方程 $ax^2+bx+c=0$ 的两个不等实根。系数 a、b 和 c 由键盘输入，且假定 $b^2-4ac>0$。要求输出的实根数据宽度为 6 并保留小数点后 2 位数。

```
# include < stdio.h >
# include _____(1)_____          //包含头文件

int main()
{
    double a, b, c, disc, x1, x2, p, q;

    _____(2)_____;      // 从键盘输入方程的三个系数
    disc = b * b - 4 * a * c;
    p = -b /(2 * a);
    q = sqrt(disc) /(2 * a);
    _____(3)_____;      // 求两个实根之一 x1 的值
    _____(4)_____;      // 求两个实根之一 x2 的值
    _____(5)_____;      // 输出 x1,格式为 x1 = ?,保留 2 位小数,并换行
    _____(6)_____;      // 输出 x2,格式为 x2 = ?,保留 2 位小数,并换行
}
```

4. 编写程序，输入平面坐标系中的一条线段的两个端点(x1,y1)，(x2,y2)的坐标 x1、y1、x2 和 y2，计算并输出这两点之间的距离。计算公式：$dist = \sqrt{(x1-x2)^2+(y1-y2)^2}$。

要求：输入的点坐标为实型量，输出的距离保留小数点后 2 位数。

5. 编写程序，用 scanf 函数读入在一行中连续输入的任意三个字母，可大小写混合输入，全部转换成对应的小写字母输出。例如：输入 <u>aBC</u> <回车>，则输出：abc。

提示：

(1) 使用 tolower()函数，该函数的功能是将一个字母(不论其是大写还是小写)换成对应小字母。例如：char c1 = 'A', c2; c2 = tolower(c1);则 c2 即为小写字母 'a'。相应地，另一个函数 toupper()将参数字符转换成对应的大写字母。

(2) 在程序的第一行增加编译预处理命令：# include < ctype.h >，因为 toupper()和 tolower()这两个函数的原型在头文件 ctype.h 中。

6. 编写程序，用 getchar()函数读入两个字符给 c1、c2，然后分别用 putchar()函数和 printf()函数输出这两个字符。并思考以下三个问题：

（1）变量 c1、c2 应定义为字符型或整型？或二者皆可？

（2）若要求输出 c1 和 c2 的 ASCII 码值，应如何处理？用 putchar()函数还是 printf()函数？

（3）整型变量与字符变量是否在任何情况下都可以互相替代？如：char c1，c2；与 int c1，c2；是否无条件等价。

实验四　C 语言的流程控制

一、目的要求

1. 掌握 C 语言逻辑量的表示方法，学会正确使用逻辑运算符和表达式。

2. 掌握 if 语句和 switch 语句的使用方法。

3. 掌握 while 语句、do-while 语句和 for 语句实现循环的方法。

4. 掌握在程序设计中使用分支、循环的方法实现各种算法，如分段函数的计算、求多项式累加和（累乘积）、穷举法等。

二、实验内容

1. 已知数学函数：

$$y = \begin{cases} 1.5x + 7.5 & x \leqslant 2.5 \\ 9.32x - 34.2 & x > 2.5 \end{cases}$$

编写程序分别求当 $x = 1.5$、2.5 和 10.5 时，结果 y 的值。提示：多次运行程序，每次输入不同的 x 值。

2. 编写程序，任意输入三个整型量 x、y、z，然后按照自小到大的顺序输出这三个量。例如，若输入 6、3、5，则输出 3、5、6。要求：（1）不能交换变量 x、y、z 的值。（2）**只能用嵌套的 if 语句实现**。提示：对于不同的数值输入顺序，有 6 种可能的变量输出顺序，即按照从小到大，输出的顺序可能是这六种之一，xyz，xzy，yxz，yzx，zxy，zyx。

3. 编写程序，输入平面坐标体系下的一个点坐标 x 和 y 的值，当该点落在第 1 象限时输出 1，落在第 2 象限时输出 2，落在第 3 象限时输出 3，落在第 4 象限时输出 4；落在坐标轴或原点上，则输出 5。

4. 编写程序，输出提示信息"请输入考核等级（A～E）："，然后接受从键盘上输入的五级计分制成绩等级（A～E）并将其转换成对应的分数段输出，注意若用户输入小写 a 则等同于大写 A 处理，其余类推。转换规则为：若输入 A 或 a，则输出 90～100；若输入 B 或 b，则输出 80～89；若输入 C 或 c，则输出 70～79；若输入 D 或 d，则输出 60～69；若输入 E 或 e，则输出 0～59。若输入其他字母等级，则输出 error。要求用 if 语句实现。

5. 完成与上一题同样的功能，要求用 switch 语句实现。

6. 至少用两种算法编程实现：求 1 到 100 中的**奇数和**，并输出结果。算法提示：① 对循环变量 1～100 循环，判断循环变量若为奇数，则累加。② 循环变量本身就是奇数，从 1 变化到 99，累加循环变量即可。③ 循环变量 i 从 1 变化到 50，将循环变量乘 2 减 1 后累加，即累加 2i−1。这里给出三个算法例子，同学可以思考哪个算法效率较高。

7. 编写程序计算 $sum = 1! + 2! + 3! + 4! + \cdots + n!$。要求从键盘输入整型量 n，

sum 用实型量表示。提示:参见教材例 4-16。

8. 求 π/2 的近似值的公式为:

$$\frac{\pi}{2} = \frac{2}{1} \times \frac{2}{3} \times \frac{4}{3} \times \frac{4}{5} \times \cdots \times \frac{2n}{2n-1} \times \frac{2n}{2n+1} \times \cdots$$

编写程序,求当 $n=1,000$ 以及 $10,000$ 时 π 的近似值,n 由键盘输入,注意观察通项的构成。

9. 另一个求 π 近似值的公式为:

$$\pi = 4 * \left(1 - \frac{1}{3} + \frac{1}{5} - \frac{1}{7} + \cdots + (-1)^{n-1} \frac{1}{2n-1} + \cdots\right)$$

请编写程序求 π 的近似值,要求其值小于 10^{-6} 的通项忽略不计。

10. Fibonacci 数列为 $1, 1, 2, 3, 5, 8, 13, \cdots$。编程实现求分数序列前 20 项的和:

$$sum = \frac{1}{1} + \frac{2}{1} + \frac{3}{2} + \frac{5}{3} + \frac{8}{5} + \frac{13}{8} + \frac{21}{13} + \cdots$$

提示:注意分子分母的变化规律。程序正确的运行结果是:result=32.042227。

11. 逆序数是正向和反向读写数字顺序是一样的数,例如 12321 是一个逆序数。编写程序输出所有四位数中的逆序数,同时统计逆序数的个数。满足条件的逆序数个数是 90 个,要求每行输出 6 个逆序数,最后输出逆序数的个数。

算法提示:对所有的四位数循环,循环体中将当前的一个四位数的每位数分解到四个变量中,然后判断第 1 位和第 4 位、第 2 位和第 3 位是否相等,若相等,输出该四位数,同时统计个数。

12. 找出并输出 $1 \sim 599$ 中能被 3 整除,且至少有一位数字为 5 的所有整数。例如 15、51、513 均是满足条件的整数。要求每行输出 8 个数,最后输出满足条件的数的个数(66 个)。

13. 输出一个 m 行 n 列的由 * 组成边框的长方形。例如若 m 为 4、n 为 6 时,则输出:

```
* * * * * *
*         *
*         *
* * * * * *
```

要求:m 和 n 从键盘输入,且 m≥2、n≥2,并要求下述两种算法都要实现。

算法 1:第 1 行和第 m 行输出 n 个 *。其他行先输出一个 *,再输出 n−2 个空格,最后输出一个 *。每行结尾输出一个换行符。

算法 2:将上述图形看成由 * 和空格构成的长方形点阵。做一个双重循环,外循环 m 行,内循环 n 列,当行号为 1 或行号为 m,或列号为 1 或列号 n 时输出 *,其他情况输出空格。每行结尾输出一个换行符。

14. 求出并输出所有的"水仙花数"。所谓"水仙花数"是指一个三位数,其各位数字的立方和等于该数本身。例如:153 是一个水仙花数,因为 $153 = 1^3 + 5^3 + 3^3$。满足条件的水仙花数有四个,它们是 153,370,371 和 407。要求两种算法都要实现。

算法提示如下,两个算法均为穷举法。

算法 1:做一个单循环,循环变量 num 的取值范围从 100 到 999;在循环体内,将 num 的各位数字分解到变量 a、b、c 中,即 a 代表百位、b 代表十位、c 代表个位,然后判断是否满足"水仙花数"的条件,若满足,则输出 num 的值。

算法 2:做一个三重循环,外层循环变量 a 表示百位数,其合法的取值范围 1 至 9;中间层循环变量 b 表示十位数,其取值范围 0 至 9;内层循环变量 c 表示个位数,其取值范围 0 至 9;在循环体中将 a、b、c 三个位数组合成一个三位数 i,判断 i 是否满足"水仙花数"的条件,若满足,则输出 i 的值。

15. 验证哥德巴赫猜想:一个大偶数可以分解为两个素数(1 不是素数,2 是素数)之和。试编写程序将 90 到 100 之间的全部偶数分解成两个素数之和。

算法提示:将教材例 4-18 中关于判断一个量是否为素数的算法应用在本程序中判断 x 和 y 是否为素数。

程序结构提示:

```
for(n=90; n<=100; n+=2) //外循环找出 90 到 100 中间的全部偶数 n
    for(x=3; x<n/2; x+=2) //内循环找出两个奇数 x、y 的全部组合且满足 n=x+y
    {
        如果 x 素数
        {
            y=n-x;
            如果 y 也是素数,则 n 可分解成两个素数之和,输出 n=x+y
        }
    }
```

注意,内循环变量 x 从 3 开始而不是从 2 开始,因为 n 是大偶数,若 x 为 2,则 y=n-2 仍然是大偶数,y 肯定不是素数。

实验五　函　数

一、目的要求

1. 掌握函数的定义和调用方法。
2. 掌握函数实参与形参的对应关系,以及"值传递"的方法。
3. 掌握函数的嵌套调用和递归调用的方法。
4. 掌握全局变量和局部变量、动态变量的使用方法。
5. 了解程序的多文件组织。

二、实验内容

1. 编写程序求出并输出 100～200 之间的所有素数并统计该范围内素数的个数。

要求:

(1) 编写函数 int isprime(int x)实现"判断一个数 x 是否为素数",若是,返回"真",否则返回"假"。

(2) 其他所有工作均在主函数中完成。要求每行输出 8 个素数,用 '\t' 实现输出列对齐。最后输出素数个数。

2. 编写程序计算 $sum = 1! + 2! + 3! + 4! + \cdots + n!$。

要求:编写函数 int fact(int)计算并返回参数的阶乘。在主函数中完成从键盘输入整数 n,然后计算并输出结果。

3. 编写程序计算组合数:$C(m, r) = m! / (r! \times (m - r)!)$,其中 m、r 为正整数,且 $m > r$。

要求:

(1) 编写计算阶乘的函数 int fact(int n),函数返回参数 n 的阶乘。提示:可以直接拷贝上一题的 fact 函数。

(2) 编写计算组合数的函数 int com(int m, int r),函数返回 m、r 的组合数。该函数调用 fact()函数分别求 m 的阶乘、r 的阶乘以及(m−r)的阶乘,完成组合数的计算。

(3) 在主函数中三次调用 com()函数计算并输出组合数 C(4, 2)、C(6, 4)、C(8, 7),正确结果分别是 6、15 和 8。

4. 编写函数 int gcd(int x, int y)求两个正整数的最大公约数。在主函数中任意输入两个正整数 m 和 n,调用 gcd 函数求出并输出最大公约数。用于验证的 m 和 n 的值可以是 24 和 16,或 21 和 35。

求最大公约数的算法有三种:① 数学定义;② 辗转相除法;③ 大数减小数直到相等,请编写三个版本的 gcd()函数。

5. 当 $x > 1$ 时,Hermite 多项式定义如下,它用于求第 n 项的值。

$$H_n(x) = \begin{cases} 1 & n = 0 \\ 2x & n = 1 \\ 2xH_{n-1}(x) - 2(n-1)H_{n-2}(x) & n \geqslant 2 \end{cases}$$

要求编写递归函数求 Hermite 多项式的第 n 项的值,n 和 x 作为递归函数的两个参数。

编写程序,在主函数中输入实数 x 和整数 n,求出并输出 Hermite 多项式的前 n 项的值,注意共有 n 个值。请区分这个 n 和公式中的 n。

算法提示:在主函数中输入 x 和 n 的值,循环 n 次,循环变量 i 从 0 变化到 $n-1$,每次求出第 i 项的值。当 n 和 x 的值分别是 5 和 2.8 时,输出如下(小数点后保留 2 位):

```
H(0, 2.8) =     1.00
H(1, 2.8) =     5.60
H(2, 2.8) =    29.36
H(3, 2.8) =   142.02
H(4, 2.8) =   619.13
H(5, 2.8) =  2331.00
```

6. 编写函数 void printTriangle(int n)用于输出如右图所示的图形。要求在主函数中输入任意值 n 作为行数,调用函数 printTriangle()完成输出。右图为当 n=6 时的输出结果。

```
* * * * * *
 * * * * *
  * * * *
   * * *
    * *
     *
```

算法提示如下,要求两个算法都要实现。

算法 1:i 表示行数,其值为 1~n。对于第 i 行,首先输出 i−1 个空格,然后输出 n−i+1 个 *,最后输出换行。

算法 2:将上述图形看成由 * 和空格构成的 n×n 点阵。做一个双重循环,外循环变量 i 控制循环 n 行,内循环变量 j 控制循环 n 列,当 i＞j 时输出空格,其余情况输出 *,每行结尾输出换行。

7. 编写函数 void pr_rev(int x),用递归方法将一个整数 x 逆向输出。例如,若输入 6832,则输出 2386。要求在主函数中输入一个任意位数的整数,并将该整数传递给递归函数。算法提示:在 pr_rev()中,判断若 x 是 1 位数(其范围是 0～9),则输出该数后返回;否则,首先输出 x 的个位数,然后递归调用函数 pr_rev()逆向输出 x 的前 n−1 位。假定初始时 x 是 n 位数。

8. 了解程序的多文件组织,参见教材例题 5-22。将本实验第 2 题改写为如下两个源程序文件。

my1.c

```c
#include <stdio.h>
int fact(int);    //函数原型声明
int main()
{   int n, sum = 0, i;
    printf("请输入 n:");
    scanf("%d", &n);
    for(i=1; i<=n; i++)
        sum += fact(i);
    printf("sum = %d\n", sum);
    return 0;
}
```

my2.c

```c
int fact(int n)  //求 n 的阶乘
{
    int result = 1, i;
    for(i=1; i<=n; i++)
        result *= i;

    return(result);
}
```

请同学按照上机实验“一、上机环境介绍”中给出的方法,首先建立一个项目 ex0508,然后在项目中添加上述两个源程序文件,生成项目解决方案,并运行程序。

实验六　编译预处理

一、目的要求

1. 掌握宏定义的方法。
2. 掌握文件包含处理方法。
3. 了解条件编译方法。

二、实验内容

1. 文件包含。用文件包含的方法开发一个程序。在头文件 ex0601.h 中,编写函数 int pow(int x, int y)用于求 x 的 y 次方,即求 x^y。算法:y 个 x 连乘即求得 x^y。

在源程序文件 ex0601.c 中包含该头文件,编写主函数,输入 x 和 y 的值,调用函数 pow(),求出并输出 x 的 y 次方。

提示：VS2010中如何在项目中添加头文件？可在图1-6中，右击"头文件"添加。

注意比较本题实现方法和实验五中第8题的实现方法，同样是多文件组织，本题一个头文件(.h)一个.c文件，实验五第8题中是两个.c文件。

2. 宏定义及宏的嵌套调用。定义一个带参数的宏 SQUARE(x)，求参数 x 的平方。定义另一个带参数的宏 DISTANCE(x1，y1，x2，y2)，求两点之间的距离。在宏 DISTANCE 中嵌套调用宏 SQUARE。

要求：在主函数中输入两个点(x1,y1)，(x2,y2)的坐标 x1、y1、x2 和 y2，调用宏 DISTANCE 计算两点之间的距离并输出。计算公式：$dist = \sqrt{(x1-x2)^2 + (y1-y2)^2}$。

3. 编写函数实现与上一题同样的功能。函数 double square(int)用于求出并返回参数的平方。函数 double distance(int, int, int, int)；参数为两个点的坐标值，求出并返回两点之间的距离。请比较本题函数实现与上一题宏定义实现的区别。

4. 宏定义及宏的嵌套调用。先定义一个宏 MIN2(x, y)，其功能是求 x、y 的较小者；再定义一个宏 MIN4(w, x, y, z)，其功能是求四个数的最小者。

要求：

(1) 在 MIN4()宏体中嵌套调用 MIN2()。

(2) 主函数中输入四个整数，调用宏 MIN4()求出最小者后输出。

* 5. 用条件编译方法实现：输入一行电报文字，可以任选两种方式输出，一为原文输出；一为将字母译为密码输出。加密规则是将字母变成其下一字母，即 a 变 b，b 变 c，…，z 变 a，大写字母做相同的处理，其他字符不变，例如报文"aBmz"，其密码报文是"bCna"。用 #define命令来控制是否要译成密码。例如，若

    #define   CHANGE   1

则输出密码。若

    #define   CHANGE   0

则按原文输出。

实验七 数 组

一、目的要求

1. 掌握一维数组和二维数组的定义、初始化及输入输出方法。
2. 理解数组做函数参数的意义。
3. 掌握字符数组和字符串库函数的使用。
4. 掌握与数组有关的算法，特别是排序算法。

二、实验内容

1. 输入并运行教材例7-3。将 Fibonacci 数列的前20项存于数组，并求它们的和。
2. 定义整型数组 a[10000]，调用求随机数的系统库函数产生 n(n≤10000)个范围在 [1,10]中的随机数存入数组。然后分别统计其中 1～5 和 6～10 出现的次数及概率。

提示：

（1）随机数的产生方法参见教材例 5-15。

（2）实际仅使用数组的前 n 个元素。

（3）多次运行该程序，每次输入 n 的值，观察当 n 等于 100、1,000、10,000 时统计出来的次数及概率。当 n 越大时，统计出来的两个概率越接近百分制五十。请按百分制形式（如49.55%）输出概率。

3. 编写程序，首先输入 n 的值，然后输入 n 个数存入一维实型数组 a，求均方差（也叫标准差 Standard Deviation），计算公式如下。

$$D = \sqrt{\frac{1}{n}\sum_{i=0}^{i=n-1}(a_i - M)^2}，其中 M = \left(\sum_{i=0}^{i=n-1}a_i\right)/n$$

要求：编写四个函数：① input() 输入数组值；② aver() 求数组平均值；③ stddev() 求均方差；④ 主函数。注意：前三个函数均有两个参数，分别是一维数组名和数组元素个数。要求在主函数中定义数组，先输入 n 的值，然后调用①函数输入数组全体元素值，再调用③函数求均方差，输出均方差。注意在③函数中调用②函数求数组平均值。

提示：因为 n 是变化的，可将数组中总元素空间定义多一点，如 100 个，实际只使用数组前 n 个元素，$n \leqslant 100$。

测试数据：当 n 为 5，并且数据序列为 1、2、3、4、5 时，均方差为 1.414214。

4. 输入并运行教材例 7-7，冒泡法排序，要求掌握此算法。

5. 输入并运行教材例 7-8，选择法排序，要求掌握此算法。

6. 编写函数 int gcd(int x, int y) 用辗转相除法求 x 和 y 的最大公约数，算法参见教材例 5-8。

在主函数中定义并初始化数组如下：

int a[8] = {24, 1007, 956, 705, 574, 371, 416, 35};

int b[8] = {60, 631,772, 201, 262, 763, 1000, 77};

int c[8];

求出下标相同的 a[i] 和 b[i] 的最大公约数，存入 c[i]。例如 a[0] 和 b[0] 的最大公约数存入 c[0]，a[1] 和 b[1] 的最大公约存入 c[1]。最终输出数组 c 的全体元素值，正确结果是12　1　4　3　2　7　8　7。

7. 编写函数 void output(int a[ ], int n) 输出数组 a 中的 n 个元素。编写函数 int deleteElement(int a[ ], int n, int x) 将具有 n 个元素的一维数组 a 中出现的 x 删除，重复出现的 x 均需删除，函数的返回值为删除 x 后的数组 a 中的实际元素个数。例如初始 a 数组中有 6 个元素，它们是{9,5,6,7,8,5}，删除元素 5 后，结果数组是{9,6,7,8}，其中有 4 个元素，函数返回 4。

注意：函数 deleteElement() 要做两件工作，一是要删除元素，二是返回剩余元素个数。编写主函数测试该功能，要求数组元素的初值采用初始化的方式给出，然后调用函数output() 输出数组的初始值，再输入待删除元素，调用函数 deleteElement() 删除元素，最后调用函数 output() 输出结果数组的全体元素值。

8. 磁力数：6174 和 495。社会现象和自然现象都有磁力存在，在数字运算中也存在着一种磁力。请随便写出一个四位数,数字不要完全相同,按照从大到小的顺序重新排列,得到一个数(称为降序数),然后把它颠倒一下,得到另一个数(称为升序数),求出这两个数的差(即降序数减升序数)。这样反复做下去,最后得到的数一定是6174。对于6174再按上面的步骤做一次,结果还是6174。仿佛6174这个数具有强大的磁力,能吸引一切数,而它就像所有数字的核心。现举两个实例。

例1,初始四位数为1645,验证过程如下:

6541 - 1456 = 5085

8550 - 558 = 7992

9972 - 2799 = 7173

7731 - 1377 = 6354

6543 - 3456 = 3087

8730 - 378 = 8352

8532 - 2358 = 6174

7641 - 1467 = 6174　　//注意最后2行

例2,初始四位数为1211,验证过程如下:

2111 - 1112 = 999　　//注意此行,结果三位数仍然要作为四位数

9990 - 999 = 8991

9981 - 1899 = 8082

8820 - 288 = 8532

8532 - 2358 = 6174

7641 - 1467 = 6174　　//注意最后2行

这不是掉进6174里了吗? 注意第2个例子的第一个计算表达式,两个4位数相减得到3位数999,但验证过程必须将结果看成4位数0999(因为初始值是4位数),进行下一轮计算。

四位数有这种现象,三位数也有,那个数就是495。试编写程序验证上述现象。

验证过程比较复杂,可采用模块化程序设计方法,需要编写一系列模块(即函数),每个模块实现一个独立的完整的需反复调用的功能。程序所需要编写的函数及算法提示如下:

(1) 编一函数求出整数 n 的十进制数位数,并作为函数返回值。

int getbits(int n);

(2) 编一函数将一整数 n 分解为 k 位数字,存入整型数组 a[]中。

void split(int a[], int n, int k);

例如:已知 k=4,n=789,则结果 a[0]=9,a[1]=8,a[2]=7,a[3]=0。

注意参数 k 的设置是为了保持验证过程数值位数的一致性,即若初始输入的数为四位数,则在验证过程中必须要保证一直处理的都是四位数。例如上述第2个例子第1行计算结果999为3位数,即 n 为999,由于初始数据1211为4位数,即 k=4,因此必须将 n(999)分解为 k 位数(0,9,9,9)。

(3) 编一函数将一具有 k 个元素的整型数组 a[]的元素按降序排序。

void sortd(int a[], int k);

(4) 编一函数将一具有 k 个元素的整型数组 a[]的元素逆向存放。

void reverse(int a[ ], int k);

（5）编一函数将一具有 k 个元素的整型数组 a[ ] 的元素，按 a[0] 为最高位，a[k−1] 为最低位，组合成一个整数，作为函数的返回值。

int combine(int a[ ], int k);

例如：若 k=4，a[0]=3，a[1]=5，a[2]=1，a[3]=9 则返回整数 3519。

（6）在主函数中，输入一个四位数（或三位数），通过调用上述函数，将验证过程输出。

主函数算法提示：

定义变量并赋初值 oldn = −1，oldn 表示前一个表达式的计算结果 n。

任意输入一个四位或三位数 n，注意各位数字不能相同；

调用 getbits() 函数得到 n 的位数 k；

当 n≠oldn 时，做如下循环：

{

　　oldn = n;

　　将 n 分解成 k 位数存入数组 a[ ] 中；

　　将有 k 个元素的数组 a[ ] 排成降序；

　　将 a[ ] 中元素合并成一个整数 n1（降序数）

　　将数组 a[ ] 逆置；

　　将 a[ ] 中元素合并成另一个整数 n2（升序数）；

　　n = n1 − n2;

　　按格式输出 n1 − n2 = n;

}

9. 给定二维数组如下，请编写函数 int sumBorder(int a[ ][M]) 求二维数组周边元素之和。

$$a = \begin{vmatrix} 3 & 6 & 4 & 6 & 1 \\ 8 & 3 & 1 & 3 & 2 \\ 4 & 7 & 1 & 2 & 7 \\ 2 & 9 & 5 & 3 & 3 \end{vmatrix}$$

要求：在主函数中定义二维数组 a 并用上面的值初始化。用数组名做函数参数，调用函数 sumBorder() 得到求和结果；然后以二维方式输出数组，最后输出求和结果。二维数组是 N 行×M 列的，定义行数 N 和列数 M 为符号常量。

算法 1：若元素在周边上，则行号为 0 或 N−1，列号为 0 或 M−1。做一个双重循环，对二维数组中的每个元素，判断若它在周边上，则将其累加到结果中。

算法 2：周边元素之和为全体元素之和减去内部元素之和。

10. 编写函数 void fsum(int a[N][N], int i, int j, int b[2]) 分别求二维数组元素 a[i][j] 所在的行及所在列的全体元素之和，例如数组元素值见下页，若 i=1，j=1，则 a[1][1] 元素所在行的元素之和为 15（=8+3+1+3），它所在列的元素之和为 25（=6+3+7+9）。这两个求和结果分别存入 b[0] 和 b[1] 带回主函数。

$$a = \begin{vmatrix} 3 & 6 & 4 & 6 \\ 8 & 3 & 1 & 3 \\ 4 & 7 & 1 & 2 \\ 2 & 9 & 5 & 3 \end{vmatrix}$$

要求:在主函数中用上述矩阵值对二维数组数组初始化,然后输出二维数组,从键盘输入任意元素的下标 i 和 j,调用函数 fsum 求和,输出求和结果。

11. 输入一行字符串,分别统计其中大写字母、小写字母、数字字符、空格以及其他字符出现的次数。例如,若字符串为"A Student & 5 Teachers.",则其中大写字母出现 3 次,小写字母出现 13 次,数字字符出现 1 次,空格出现 4 次,其他字符出现 2 次。

要求:用 gets()输入字符串到字符数组中,然后统计并输出结果,所有的工作都在主函数中完成。

12. 编写函数 void interCross(char s1[], char s2[], char s3[]),将 s1 和 s2 中的字符串交叉复制到 s3 中,构成一个新的字符串。例如:若 s1 和 s2 中的字符串为"abcde"和"123",则结果 s3 中的字符串为"a1b2c3de"。

要求:在主函数中输入 s1 和 s2,调用函数 interCross()进行交叉操作,在主函数中输出结果字符串 s3。不允许使用任何字符串库函数,只能通过判断当前字符是否为空字符来确定字符串是否到达结尾。

注意:应将字符数组 s3[]定义得足够长,使之有足够的空间存放结果字符串。

13. 编写函数 void my_strcpy(char s1[], char s2[]),将 s2 中的字符串拷贝到数组 s1 中去。要求:

(1) 不允许使用任何有关字符串处理的标准库函数。

(2) 在主函数中输入字符串 s2,调用函数 my_strcpy()实现复制,在主函数中输出 s1。

14. 编写函数 void reverse(char s[]),实现将字符串 s 逆向存放。例如若原 s 字符串为"abcde",则结果 s 为"edcba"。在主函数中输入字符串 s,调用 reverse 函数得到逆向存放后的新字符串,输出新的 s。

算法提示:此逆置过程与整型数组的逆置算法思路是一样的,首先必须求出字符串中的有效字符个数,即 '\0' 之前的字符个数,可以通过 strlen(s) 求出,亦可通过循环判断是否到达字符串结尾标志求出。

*15.输入并运行教材例 7-10,筛选法求素数。

*16.编写函数 void replace(char s1[], char s2[], char s3[]),将 s1 看成主串、s2 看成子串,函数实现将主串 s1 中第一次出现的子串 s2 替换成子串 s3。例如若 s1 是"Today are Monday",s2 是"are",s3 是"is",则结果 s1 是"Today is Monday"。请在主函数中输入,或初始化各字符串,调用 replace()函数完成相应的工作,最终在主函数中输出结果串 s1。

*17.将整型数组看成集合,例如下面定义了 a 和 b 两个整型数集合。int a[5]={3,4,2,0,9},b[4]={1,2,8,3},a 和 b 的交集是{2,3},a 和 b 的并集是{3,4,2,0,9,1,8},a 减去 b 的差集是{4,0,9}。

请编写函数:

(1) void intersection(int a[],int an, int b[], int bn, int c[], int &cn);实现求 a 和 b 的交集。参数 an 和 bn 分别是数组 a 和 b 的元素个数,c 数组存放结果集合,cn 中存

放结果数组 c 中的元素个数。下面两个函数参数的意义与本函数一样。

(2) void union(int a[ ], int an, int b[ ], int bn, int c[ ], int &cn);实现求 a 和 b 的并集。

(3) void difference (int a[ ], int an, int b[ ], int bn, int c[ ], int &cn);实现求 a 减去 b 的差集。

(4) bool same(int a[ ], int b[ ], int n);实现判断两个集合是否相同,若相同返回真,否则返回假。a 和 b 数据均包含 n 个元素。例如集合{3,2,6}与集合{2,6,3}相同,即不考虑元素顺序。

请在主函数中准备数据,调用被调各函数完成相应的操作,最终在主函数中输出结果。

提示 1:可以编写一个公用函数 bool isin(int a[ ], int n, int x);用于判断 x 是否存在于数组 a 中,若存在返回真,否则返回假。n 是数组 a 中的元素个数。

提示 2:参见教材例 7-13。

*18.试编写如下四个函数,并编写主函数调用它们,最终总结规律,能否编写通用函数 void int_to_radix(int n, char s[ ], int r)将十进制整数 n 转换成 r 进制的数字字符串并存放到 s 所指向的串中,r≤16。

(1) 编写函数 void int_to_dec(int n, char s[ ])将十进制整数 n 转换成对应的十进制数的数字字符串并存放到 s 所指向的串,例如若 n 是 168,则结果串 s 中存储的是"168"。

(2) 编写函数 void int_to_bin(int n, char s[ ])将十进制整数 n 转换成对应的二进制数的数字字符串并存放到 s 所指向的串,例如若 n 是 12,则结果串 s 中存储的是"1100"。

(3) 编写函数 void int_to_oct(int n, char s[ ])将十进制整数 n 转换成对应的八进制数的数字字符串并存放到 s 所指向的串,例如若 n 是 12,则结果串 s 中存储的是"14"。

(4) 编写函数 void int_to_hex(int n, char s[ ])将十进制整数 n 转换成对应的十六进制数的数字字符串并存放到 s 所指向的串,例如若 n 是 42,则结果串 s 中存储的是"2A"。

实验八 结构体、共用体和枚举类型

一、目的要求

1. 掌握结构体类型变量的定义和使用。
2. 掌握结构体类型数组的概念和应用。
3. 掌握枚举类型的概念。
*4. 了解共用体的概念。

二、实验内容

1. 定义一个结构体类型 Point,包含数据成员 x 和 y,它们是平面坐标体系下的坐标点

(x，y)。编写如下函数：

　　(1) struct Point Input()；在函数中输入一个坐标点的值，并返回该值。

　　(2) void Output(struct Point p)；按格式(x，y)输出坐标点的值。

　　(3) double Distance(struct Point p1, struct Point p2)；求出并返回坐标点 p1 和 p2 点之间的距离。

　　在主函数中，定义两个坐标点变量 p1 和 p2，两次调用函数 Input()输入两个坐标点的值，将函数的返回值赋值给 p1 和 p2，继续调用函数 Output()输出两个坐标点的值，调用函数 Distance()计算两点之间的距离最后输出该距离。例如坐标点(0，0)和(1，1)之间的距离为 1.414214。

　　2. 图书信息列表如下，每本图书有书号、书名和价格三个属性。编程处理图书信息。

书号	书名	价格
0101	Computer	78.88
0102	Programming	50.60
0103	Math	48.55
0104	English	92.00

　　要求：

　　(1) 定义结构体类型 struct book，用于描述图书信息，包括书号(bookID，字符串)、书名(name，字符串)和价格(price，double 型数值)。

　　(2) 编写函数 void input(struct book bs[], int n)；输入 n 本图书的价格。

　　(3) 编写函数 double average(struct book bs[], int n)；计算 n 本图书的平均价格。

　　(4) 编写函数 int findMax(struct book bs[], int n)，找出价格最高的图书下标并返回。

　　(5) 编写函数 void print(struct book bs[], int n)；输出 n 本图书信息，输出格式如上面的图书列表。

　　(6) 编写函数 void sort(struct book bs[], int n)；将 n 本图书按照价格排成升序。提示：本函数中实现排序算法时，比较的是图书价格，交换的是结构体元素。

　　(7) 在主函数中定义一个类型为 struct book 的具有 4 个元素的结构体数组 books[]，用上述列表的前两列中的数据初始化该数组(即初始化数组部分数据)，价格将在 input()函数中输入。

　　(8) 在主函数中依次调用 input()函数输入所有图书的价格，调用 print()函数输出所有图书的原始信息，调用 average()函数计算所有图书的平均价格然后在主函数中输出该平均价格，调用 findMax()求出价格最高的图书的下标，然后在主函数中输出该图书的全部信息，调用 sort()函数将图书按照价格升序排序，最后再次调用 print()函数输出排序后的图书信息列表。

　　3. 定义一个描述颜色的枚举类型 enum color，包含 3 种颜色，分别是红 RED、绿 GREEN 和蓝 BLUE。编程输出这 3 种颜色的全排列结果。参考教材例 8－6。

　　* 4. 输入并运行以下程序，并分析运行结果。

```
#include <stdio.h>

int main()
{
    int i;
    union LONGINTCHAR
    {
        long int x;
        char c[4];
    } e;

    printf("sizeof(e) = %d\n", sizeof(e));

    e.x = 0x12345678;

    for(i = 0; i < 4; i++)
        printf("%x\n", e.c[i]);
    printf("%x\n", e.x);
    return 0;
}
```

实验九 指 针

一、目的要求

1. 掌握指针的概念,会定义和使用指针变量。
2. 学会使用数组的指针。
3. 学会使用字符串的指针。
4. 掌握指针做函数参数的概念。

注意:本实验的所有程序都要求通过指针访问变量或数组元素。

二、实验内容

1. 任意输入三个整数,按从小到大的顺序输出这三个整数。

提示:仿照教材例 9 - 9 编写函数 void exchange(int *, int *)实现两个变量值的交换。

算法:在主函数中

(1) 输入三个整数存入变量 a、b、c 中。

(2) 判断若 a > b,则调用 exchange 函数交换 a 和 b 的值。

(3) 判断若 a > c,则调用 exchange 函数交换 a 和 c 的值。

(4) 判断若 b > c,则调用 exchange 函数交换 b 和 c 的值。

(5) 输出 a、b、c 三个变量的值。

2. 已知定义 int a[10], * p = a;。编写程序实现:输入 10 个整型量存入 a 数组,然后求出最小元素,最后输出数组 10 个元素以及最小元素值。

要求:所有对数组元素及数组元素地址的访问均通过指针 p 实现。全部工作都在主函数中完成。

3. 输入并运行教材例 9 - 15。分别求数组前十个元素和后十个元素之和。体会数组名做函数参数时,对应形参的含义。

4. 编程实现:将一个具有 n 个元素的数组循环左移 k 位。循环左移一位的意义是:将数组全体元素左移一位,最左边元素移到数组最右边。例如,对初始数组 int a[] = {2, 3, 4, 5, 6, 7, 8, 9};循环左移 3 位后,数组 a 的元素变成{5, 6, 7, 8, 9, 2, 3, 4};

要求:

(1) 编写函数 void moveLeft(int * a, int n)将含有 n 个元素的数组 a 循环左移 1 位。

(2) 编写函数 void rotateLeft(int * a, int n, int k),在该函数中调用 k 次 moveLeft()函数,最终实现将数组循环左移 k 位。

(3) 主函数中定义并初始化数组 a,输出数组原始数据。任意输入 k,调用 rotateLeft() 函数实现将数组循环左移 k 位,最后在主函数中输出结果数组。

(4) 提示:在上述程序中,均要求用指针访问数组元素。

5. 一维数组中有 10 个元素,编程统计该数组中的正数个数和负数个数。

要求:

(1) 编写函数 void statistic(int * a, int n, int * posinum_ptr, int * neganum_ ptr);用于统计具有 n 个元素的 a 数组中正数和负数的个数,前两个参数是数组起始地址和元素个数,第三个和第四个参数分别是主函数中 posi_num 和 nega_num 两个变量的指针。本函数通过指针带回两个统计结果。提示:参考教材例 9 - 16。

(2) 在主函数中定义数组 a,输入数组初值,定义两个统计量 posi_num 和 nega_num,分别存放正数个数和负数个数的统计结果。调用 statistic()函数进行统计,并在主函数中输出结果。

(3) 提示:上述程序中,均要求用指针访问数组元素。

6. 任意输入三个单词(单词为不含空格的字符串),按从小到大的顺序输出。

要求:

(1) 函数 void swap(char * s1, char * s2)完成两个字符串的交换。提示:两个字符串交换时,需要使用中间临时字符数组。

(2) 在主函数中定义三个字符数组 str1[]、str2[]、str3[],输入三个单词分别存入这三个字符数组。

(3) 3 个字符串的排序算法思路,请参见本实验第 1 题。本程序调用 swap 函数时,实参为字符串指针。

(4) 在主函数中,最终字符串 str1 是三个单词中的最小者,str3 是三个单词中最大者,str2 是中间值。输出 str1、str2、str3 三个字符串。

提示:字符串的比较用 strcmp()函数,字符串的赋值用 strcpy()函数。

7. 编写函数 void getDigits(char * s1, char * s2)将字符串 s1 中的数字字符取出，构成一个新的字符串存入 s2。例如若 s1 为"a34bb 12ck9 zy"，则 s2 为"34129"。要求在主函数中输入字符串 s1，调用函数 getDigits()得到 s2 后，在主函数中输出 s2。

8. 编写函数 void firstUpper(char * s)将字符串 s 中英文单词的第一个字母变为大写字母。例如若 s 为"there are five apples in the basket."，则处理后 s 中的字符串变为"There Are Five Apples In The Basket."。

要求在主函数中输入字符串 s（为了程序调试方便，亦可用初始化的方式给 s 赋初值），调用函数 firstUpper()得到新的 s 后，在主函数中输出它。在 firstUpper()函数中需要使用下述辅助函数：

① 编写辅助函数 int isLetter(char)判断参数字符，若为字母则返回"真"，否则返回"假"，它与系统库函数 isalpha()功能相同。

② 编写辅助函数 char toUpper(char)将参数字符变为大写字母返回，若参数是小写字母，则返回对应的大写字母；否则不变换，返回原参数字符，它与系统库函数 toupper()功能相同。isalpha()和 toupper()的函数原型在 ctype.h 头文件中。

9. 编写程序判断一个字符串是否为回文(palindromia)。回文为正向拼写与反向拼写都一样的字符串，如"MADAM"。若放宽要求，即忽略大小写字母的区别、忽略空格及标点符号等，则像"Madam, I'm Adam"之类的短语也可视为回文。

算法 1：

(1) 编写函数 void filter(char *)将参数字符串中的非字母去掉，同时将所有字母变为大写，例如字符串原始值为"Madam, I'm Adam"，则结果字符串为"MADAMIMADAM"，即"纯的"大写字母串。提示：判断一个字符是否为字母，可使用系统库函数 isalpha()。

(2) 编写函数 int palin(char *)判断，若参数字符串是回文，返回"真"，否则返回"假"。函数在判断参数是否为回文之前，将参数拷贝到一个临时字符数组中（目的是保护原始串），调用 filter()函数将临时字符数组中的串先处理成"纯的"大写字母串，然后判断该大写字母串是否为回文。算法为，定义两个指针变量 head 和 tail，分别指向字符串首部和尾部，如下图所示。当 head 小于 tail 时循环，若它们指向的字符相等，则首指针 head 向后移动一个字符位置，尾指针 tail 向前移动一个字符位置，直到两字符不等或全部字符判断完毕，在此过程中可根据情况得出结论。

(3) 在主函数中输入字符串，调用 palin()判断字符串是否为回文，若是，输出 yes，否则输出 no。

算法 2：

将算法 1 做修改，删除 filter()函数，main()函数不变，将函数 palin()的实现算法修改成：

head 指向第一个字符，tail 指向最后一个字符。

当 head < tail 时循环（外循环）

{

内循环1:当 head 指向的是非字母时 head 加1直到 head 指向字母

内循环2:当 tail 指向的是非字母时 tail 减1直到 tail 指向字母

此时如果 head 指向的字母和 tail 指向的字母相等(忽略大小写,即认为 A 和 a 相等,实现方法是两个字母都转换为大写字母或都转换为小写字母后比较),则 head 加1、tail 减1;否则下结论:非回文(返回假)

　　}

外循环结束后,head > = tail,结论:是回文

请思考:上述算法针对字符串中至少包含了一个字母的情况,若字符串中无字母也认为是回文,在循环边界条件上需要特殊考虑。

注意:除了上述两种算法,亦可使用其他算法。

*10. 已知二维数组 a= $\begin{vmatrix} 1 & 3 & 5 \\ 7 & 9 & 11 \\ 13 & 15 & 17 \end{vmatrix}$,编写函数实现二维数组的转置。

要求:

(1) 将**二维数组名**(即二维数组的**行指针**)作为函数参数,在被调用函数中做转置工作,要求用指针访问数组元素,并要求在数组 a 自身上做转置,即不能定义辅助数组。

(2) 在主函数中用上述数据初始化二维数组,调用转置函数后,输出结果数组。

*11. 输入并运行以下程序,体会主函数参数的意义。请参考教材例9-33。

```c
#include < stdio.h >

int main(int argc, char * argv[ ])
{
    int i;

    printf(" % d\n", argc);
    for(i = 0; i < argc; i++)
        printf(" % s\n", argv[i]);
    return 0;
}
```

* 实验十　链表及其算法

一、目的要求

1. 掌握链表的概念,初步掌握链表的基本操作。

二、实验内容

1. 用链表实现一个简单的堆栈。所谓堆栈是一种数据结构,类似于一个桶,物品可以按顺序一个一个放进去,再按顺序一个一个取出来。先放进去的物品,后取出来,称为先进

后出；后放进去的物品，先取出来，称为后进先出。本题中把整型量看成物品，把链表看成水桶即堆栈，链表的尾结点是桶底，首结点是桶口，栈顶指针 top 指向桶口元素，即指向链表的首结点。

结点结构如下：

```
struct Node
{
    int data;
    struct Node * next;
};
```

编写如下函数：

(1) struct Node * push(struct Node * top, int d);参数 top 是栈顶指针。函数完成入栈操作，以参数 d 作为 data 值构建一个新结点压入栈顶，函数返回新的栈顶指针。

(2) struct Node * pop(struct Node * top, int * pd);完成出栈操作。将栈顶结点的 data 值通过参数指针 pd 带回到主调函数，同时删除栈顶结点并释放该结点空间，返回新的栈顶指针。

(3) int getFirst(struct Node * top);获取栈顶元素值，即返回栈顶结点 data 值，堆栈结构不变化。

(4) void display(struct Node * top);显示堆栈中全体元素，即输出链表中全体结点的 data 值。

(5) void freeStack(struct Node * top);撤销堆栈，即释放堆栈全体结点的空间。

在主函数中，自行设计执行步骤，分别调用上述 5 个函数，完成堆栈的入栈、出栈等测试工作。

提示：初始堆栈为空栈，即链表为空链表，top 指针的值为 NULL。

2. 用链表实现一个简单的英文字典。

链表中每个结点包含所存储的单词。请自行设计链表结点结构以及下述各函数的参数和返回值类型。

(1) 编写一无参函数 init()，建立一个初始字典链表。注意，为简单起见，可直接申请三个结点空间并建立该链表，返回该链表的首指针。所建初始链表如下图所示：

(2) 编写通用函数 insert()；参数是链表首指针和待插入字符串的指针，向链表中插入一个任意单词，例如："ignore"，结果该链表仍然保持字典序。函数返回新链表首指针。

(3) 编写一函数 list()；参数是链表首指针，输出上述字典中的全部单词。

(4) 编写一函数 freeDict()；参数是链表首指针，释放链表空间。

请自行设计执行步骤，在主函数中分别调用上述四个函数，完成测试工作。

实验十一　数据文件的使用

一、目的要求

    1. 掌握文件以及缓冲文件系统、文件指针的概念。
    2. 学会使用文件操作函数,如打开、关闭、读写等。

二、实验内容

    1. 编写程序将 1～100 这 100 个数的平方、平方根输出到一个数据文件 table.txt 中。结果数据文件中的内容为:

Number	Square	Square root
1	1	1.000
2	4	1.414
3	9	1.732
……省略若干行		
99	9801	9.950
100	10000	10.000

    要求:请自行设计表头和各列宽度,输出的平方根小数点后保留 3 位数。
    2. 一个销售程序的计价原则是:
- 购买少于 10 件的为零售,单价为 25 元。
- 购买大于等于 10 件而少于 50 件的为小量批发,单价为 24 元。
- 购买大于等于 50 件而少于 100 件的为一般批发,单价为 22 元。
- 购买大于等于 100 件的为大量批发,单价为 20 元。

    在销量文件 nums.txt(请自行建立该文件)中,每行的数据表示每笔销售数量,格式为:

```
10
120
85
90
2
100
```

    编写程序打开文件 nums.txt,按顺序读入每笔销售量,计算每笔销售量的销售金额,统计销售总量和销售总金额,写入结果文件 sales.txt 中,结果文件为:

```
        num              sales
    - - - - - - - - - - - - - - - - - -

        10               240
       120              2400
        85              1870
        90              1980
         2                50
       100              2000

    - - - - - - - - - - - - - - - - - -

total num = 407
total sales = 8540
```

该文件的格式为：中间若干行，每行为每笔销售量（第 1 列）和销售金额（第 2 列），最后两行为销售总量和销售总金额。

要求：计算每一笔销售金额的过程在函数 int compute(int num)中完成，参数是销售量，返回值是销售金额。

提示：在读入销售量文件 nums.txt 时，如何判断数据已读完。两种方法：（1）使用 fscanf()函数读入数据，该函数的返回值为正确读入数据的个数，若文件读写位置指针已到达文件尾，试图继续读取数据，因无数据可读，该函数返回 EOF。（2）使用 feof()函数判断文件读写位置指针是否到达文件尾。

3. 自行创建文本文件 input.txt，其中包含若干实数，假定最多 100 个。编写程序，从该文本文件中依次读取数据，存入实型一维数组 a 中，将数组 a 中的数据排成升序，最后将排序后的数组元素写到结果文件 output.txt 中，其中实型量小数点后保留 2 位数。要求排序工作在被调函数 sort()中完成。

4. 已知两个文本文件，它们中存放的数据已按升序排列好，编程将该两个文件中的数据合并到第三个文件中，使数据仍然保持升序。注意：**不允许使用排序算法**。

假定两个已知数据文件：

w1.txt 的内容为 1　2　8　10

w2.txt 的内容为 2　3　8　9　12　15

合并后的文件取名为 w3.txt，其内容应为 1　2　2　3　8　8　9　10　12　15。

算法提示：可以先将两个数据文件中的数据读入，分别存入两个数组，然后分别用两个下标依次扫描两个数组，比较数组两个当前下标对应的元素，较小者写入文件，然后其下标加 1，另一个下标不动，若一个数组中已没有数据，则将另一数组中余下的数据依次写入结果文件。

5. 编写一个程序实现文件的复制，通过键盘输入源文件名和目标文件名。参见教材例 11 - 2。

6. 编写一个程序实现文本文件的显示，通过键盘输入文件名。参见教材例 11 - 2 后的说明。

第二部分

各章知识点、例题及解析、练习题及答案

第1章 C语言概述

一、本章知识点

1. 计算机程序、计算机语言的概念
2. 基本 C 语言程序的结构
3. 用 C 语言开发程序的过程

二、例题、答案和解析

知识点 1:计算机程序、计算机语言的概念

【题目】以下错误的说法是_____。

A）程序是指令的有序集合

B）C 语言程序可移植性好,可以很容易地改写后运行在不同的计算机上

C）C 语言属于结构化程序设计语言、C++属于面向对象程序设计语言

D）计算机语言与程序经历了机器语言、中级语言和高级语言三个阶段

【答案】D

【解析】计算机语言与程序经历了机器语言、汇编语言和高级语言三个阶段,所以选项 D 错误。

知识点 2:基本 C 语言程序的结构

【题目】以下错误的说法是_____。

A）C 语言程序的书写格式很自由,一行可以写多个语句,但一个语句不能写在多行

B）一个 C 语言程序有且只有一个 main 函数,是程序运行的起点

C）一个 C 源程序可由一个或多个函数组成

D）C 语言中注释可以放在任何位置,但不能夹在变量名或关键字中间

【答案】A

【解析】C 语言程序的书写格式很自由,可以一行写多个语句,也可以将一个语句写在多行,所以选项 A 错误。

知识点 3:用 C 语言开发程序的过程

【题目】以下错误的说法是_____。

A）用计算机语言编写的程序称为源程序,又称为编译单位

B）编译是将高级语言书写的源程序"翻译"成等价的机器语言目标程序的过程

C）简单程序设计的步骤和顺序为:先编码和上机调试,在编码过程中确定算法和数据结构,最后整理文档

D）每个 C 语言程序写完后,都是先编译,后链接,最后运行

【答案】C

【解析】设计一个能解决实际问题的计算机程序需要经过以下几个过程：① 建立模型。② 算法设计：给出解决问题的步骤，即算法。③ 算法表达：选择一种表达算法的工具，对算法进行清晰的表达。④ 编写程序：选择一种程序设计语言，把以上算法程序化，这称为编写程序。⑤ 程序调试：对编写好的程序进行调试，修改程序中的错误。⑥ 程序文档编写与程序维护。选项 C 不符合上述描述，错误。

三、练习题及答案

1. C 语言是由_____语言发展而来的。

A) Ada 　　　　　B) B 　　　　　C) Basic 　　　　　D) Fortran

2. 关于 C 语言以下错误的说法是_____。

A) C 语言是一种面向对象的程序设计语言

B) C 语言是一种高级语言

C) C 语言是一种中间语言

D) C 语言具有跨平台的特性

3. 以下错误的说法是_____。

A) 一个 C 语言程序只能实现一种算法

B) 一个 C 函数可以单独作为一个 C 语言程序文件存在

C) C 语言程序可以由一个或多个函数组成

D) C 语言程序可以由多个程序文件组成

4. 一个 C 语言程序的执行是从_____。

A) 当前程序的 main 函数开始，到 main 函数结束

B) 当前程序文件的第一个函数开始，到程序文件的最后一个函数结束

C) 当前程序的 main 函数开始，到程序文件的最后一个函数结束

D) 当前程序文件的第一个函数开始，到程序的 main 函数结束

5. 一个 C 语言程序是由_____。

A) 一个主程序和若干子程序组成　　　　B) 函数组成

C) 若干过程组成　　　　　　　　　　　D) 若干子程序组成

6. 以下叙述中正确的是_____。

A) C 程序中注释部分可以出现在程序中任意合适的地方

B) 目前 C 语言中只支持"\ *　*\"这一种注释方式

C) 构成 C 程序的基本单位是函数，所有函数名都可以由用户命名

D) 分号是 C 语句之间的分隔符，不是语句的一部分

7. C 语言的注释定界符是_____。

A) {　} 　　　　　B) [　] 　　　　　C) \ *　*\ 　　　　　D) / *　*/

8. 以下正确的说法是_____。

A) C 语言的源程序可以通过解释器解释执行

B) C 语言中的每条可执行语句最终都将被转换成二进制的机器指令

C) C 语言的源程序经编译形成的二进制代码可以直接运行

D) C 语言中的函数不可以单独进行编译

9. 要把高级语言编写的源程序转换为目标程序,需要使用_____。

A) 编辑程序 B) 驱动程序 C) 诊断程序 D) 编译程序

10. 以下错误的说法是_____。

A) C 语言中的每条可执行语句和非执行语句最终都将被转换成二进制的机器指令

B) C 语言源程序经编译后生成后缀为.obj 的目标程序

C) 用 C 语言编写的程序称为源程序,它以 ASCII 码形式存在一个后缀为.C 的文本文件中

D) C 语言程序经过编译、连接步骤之后才能形成一个真正可执行的二进制机器指令文件

11. 下列不属于 C 语言程序开发步骤的是_____。

A) 编辑源程序 B) 编译 C) 解释 D) 连接

12. C 语言源程序文件的后缀是.C,经过编译之后,生成后缀为.OBJ 的_____文件,经连接生成后缀为.EXE 的可执行文件。

第2章　数据类型、运算符和表达式

一、本章知识点

1. 标识符及标识符的命名规范
2. C语言的基本数据类型
3. C语言中数据类型的存储空间和取值范围
4. 常量和变量
5. C语言中运算符和表达式的概念
6. 算术运算符和算术表达式
7. 关系运算符和关系表达式
8. 逻辑运算符和逻辑表达式
9. 位运算符和位运算表达式
10. 自增、自减运算符和表达式
11. 赋值运算符和赋值表达式
12. 逗号运算符和逗号表达式
13. sizeof()运算符和表达式
14. 运算符的优先级和结合性
15. 数制转换

二、例题、答案和解析

知识点 1：标识符及标识符的命名规范

【题目】关于C语言的标识符，以下错误的说法是_____。

A）C语言中的标识符只能由字母、数字和下划线组成

B）C语言标识符的第一个字符必须为字母或下划线

C）标识符分为关键字、预定义标识符和用户标识符，关键字和预定义标识符都不能用作用户标识符，如变量名

D）C语言中的标识符区分大小写

【答案】C

【解析】C语言中的关键字不能作为用户标识符，但预定义标识符可以用作用户标识符，例如：define，所以选项C错误。

知识点 2：C语言的基本数据类型

【题目】关于C语言的数据类型，以下错误的说法是_____。

A）若要准确、无误差地表示自然数，应使用整数类型

B）若要保存带有多位小数的数据，应使用双精度类型

C）修饰词 signed、unsigned、long、short 等只能用于整型和字符型数据类型

D) 若只处理"真"和"假"两种逻辑值,应使用逻辑类型

【答案】D

【解析】C语言中没有逻辑类型,若只处理"真"和"假"两种逻辑值,可以使用整型量1和0分别表示"真"和"假",所以选项D错误。

知识点 3:C语言中数据类型的存储空间和取值范围

【题目】关于C语言的数据类型,以下错误的说法是_____。

A) 在C语言中,没有逻辑类型

B) 在C语言中,int型数据在内存中的存储形式是反码

C) 在C语言中,int、char和short三种类型数据在内存中所占用字节数是由C语言的编译系统决定的

D) 在内存中,float和double型数据一律以指数形式存放,所以往往存在误差

【答案】B

【解析】在C语言中,int型数据在内存中是以补码形式存储的,使用补码可以将符号位和其他数据位统一处理,同时减法也可以转换为加法来处理,简化了运算规则,所以选项B错误。

知识点 4:常量和变量

【题目】关于C语言的常量和变量,以下错误的说法是_____。

A) C语言中有4种基本常量:整型、实型、字符型和字符串常量

B) const变量在定义时必须初始化,且之后其值不能再改变

C) 一个变量有三要素,即变量名、变量的值和变量的运算

D) 在C语言中,变量必须先定义后使用

【答案】C

【解析】在C语言中,一个变量有三要素,即变量名、变量的存储空间和变量的值,所以选项C错误

知识点 5:C语言中运算符和表达式的概念

【题目】关于C语言的运算符和表达式,以下错误的说法是_____。

A) 在C语言算术表达式的书写中,运算符两侧的操作数类型必须一致

B) 条件运算符是C语言中唯一的三元运算符

C) 相同数据类型的元素进行算术运算(＋、－、＊、/)得到结果还保持原操作数的数据类型

D) C语言中表达式一定有值

【答案】A

【解析】在C语言中,允许不同类型量的混合运算,在计算时计算机内部会将它们转换成相同类型的量,所以选项A错误。

知识点 6:算术运算符和算术表达式

【题目1】关于C语言中的算术运算符,以下错误的说法是_____。

A) 若要实现整除,则"/"号两边的操作数都要求是整型

B) 若要除法的计算结果是小数,则要求"/"号的两边的操作数都是实型

C) 取余运算"％"要求运算符两边的操作数都是整数

D) C 语言中算术运算符"＊"、"/"和"％"运算的优先级相同

【答案】B

【解析】在 C 语言中,"/"号两边的操作数有一个是实数,那么结果就是实数,所以选项 B 错误。

【题目 2】以下程序的运行结果是_____。

```
#include <stdio.h>
int main()
{   int a,b;
    char c = 'A';
    a = (int)((double)3/2 + 0.5 + (int)1.99 * 4);
    b = 1 + c % a;
    printf("%d, %d",a,b);
    return 0;
}
```

【答案】6,6

【解析】在 C 语言中,算术运算符"/"两边的操作数都是整型,则实现整除,任有一侧为实数,则实现实数相除;取余运算"％"两侧的操作数只能是整型,若为 char 型,则会按其 ASCII 码值自动转换成整型,再参与计算。

知识点 7:关系运算符和关系表达式

【题目】运行下列程序,输入:200 <回车>,以下程序的运行结果是_____。

```
#include <stdio.h>
int main()
{   int income;
    scanf("%d",&income);
    if (income >= 20000)
        printf("Rich");
    else if(10000 <= income < 20000)
        printf("Middle");
    else printf("Pool");
    return 0;
}
```

【答案】Middle

【解析】在 C 语言中,表达式"1000 <= income < 2000"的含义与数学表达式不同,它表示先计算"1000 <= income",再看其结果是否小于 20000。当 income = 200 时,"1000 <= income"的值为"0","0 < 20000"的结果为"真",整个表达式值为真,所以输出"Middle"。

知识点 8:逻辑运算符和逻辑表达式

【题目】关于 C 语言的逻辑运算符和逻辑表达式,以下错误的说法是_____。

A) 逻辑运算符"!"的运算优先级高于其他逻辑运算符和所有的算术、关系运算符

B) 在 C 语言中,关系表达式和逻辑表达式的值只能是 0 或 1(分别表示"假"、"真")

C) 在 C 语言中,关系运算符和逻辑运算符两边操作数的数据类型只能是 0 或 1

D) 在 C 语言中,关系运算符和逻辑运算符两边操作数可以是任何类型的数据

【答案】C

【解析】C 语言中,关系运算符和逻辑运算符两边操作数可以是任何类型的数据,并按非 0 即为真的规则参与计算,所以选项 C 错误。

＊知识点 9:位运算符和位运算表达式

【题目】以下程序的运行结果是_____。

```
#include <stdio.h>
int main()
{    short int a=4,b=-4; ;
     printf("%d, %d, %d, %d\n",a<<1,a>>1,b<<1,b>>1);
     printf("%d, %d",a,b);
}
```

【答案】8, 2, -8, -2

　　　4, -4

【解析】左移就是把该数值的二进制存储左移(含符号位),左边移出的二进制位舍弃,右边补 0。右移时,数据右边移出的二进制位舍弃,左边补 0 还是 1,取决于被移动的数据量的数据类型。若右移无符号整型量,则左边补 0;若右移有符号整型量,则左边补符号位(即符号位是 1 补 1,符号位是 0 补 0)。因此在 C 语言中,左移 1 位相当于乘以 2,右移 1 位相当于除以 2;左移和右移并未改变变量的值,所以第二行输出变量 a 和 b 的值,仍为 4 和−4。

知识点 10:自增、自减运算符和表达式

【题目】关于 C 语言的自增、自减运算,以下错误的说法是_____。

A) 自增、自减运算符只能作用于变量,而不能作用于常量或表达式

B) 自增、自减运算中前缀运算(如:++i)是"先变后用",而后缀运算(如:i−−)是"先用后变"

C) 自增、自减运算符的结合性是自右向左的

D) 若变量已正确定义,则(−i)++是合法的 C 语言表达式

【答案】D

【解析】自增、自减运算不能用于表达式,由于(−i)属于表达式,所以选项 D 错误,但表达式 −i++ 却是合法的。

知识点 11:赋值运算符和赋值表达式

【题目】下列变量定义和表达式中,正确的是_____。

A) int a=1; a+=−a+=a*a;

B) int a=1,b=2; a=7+b=a+7;

C) int a=1,b=2,c=3; a=b==c;

D) int x=y=10;

【答案】C

【解析】在C语言中,赋值运算的结合性是自右向左的,赋值运算符左侧只能是一个变量名,即不可以给一个计算表达式赋值,所以选项A和B错误;选项C是将b==C的值赋给变a,即a=0,表述正确;选项D错误,因为在变量定义时不能连续赋初值,可以写成:int x = 10,y = 10;

知识点12:逗号运算符和逗号表达式

【题目】执行语句x = (a = 3, b = a--);后变量x,a,b的值依次为_____。

A) 3,3,2　　　　　　B) 2,3,2　　　　　　C) 3,2,3　　　　　　D) 2,3,3

【答案】C

【解析】本题括号中为逗号表达式,其中各表达式依次计算,得a=3,b=3,整个逗号表达式的值是以后一个表达式,即b的值,所以x=3,最后还要执行a--,使a=2,所以选项C正确。

知识点13:sizeof()运算符和表达式

【题目】已知 int i;以下关于sizeof错误的说法是_____。

A) sizeof(int)是合法的C语言表达式

B) sizeof int 是合法的C语言表达式

C) sizeof i 是合法的C语言表达式

D) sizeof 是关键字,sizeof()是运算符

【答案】B

【解析】在C语言中,sizeof是运算符,而不是函数。在用sizeof计算一个"类型"量所占存储空间大小时,括号不可以省略,如 sizeof(int)是合法的,而 sizeof int 是非法的。sizeof(i);和 sizeof i;用于求变量i存储空间大小,均合法。所以选项B错误。

知识点14:运算符的优先级和结合性

【题目】关于C语言运算符的优先级和结合性,以下错误的说法是_____。

A) 逗号运算符的优先级最低

B) 以下运算符的运算优先顺序是:算术运算符<关系运算符<赋值运算符<逻辑与运算符

C) 条件运算的结合性是自右向左

D) 表达式按运算符的优先级从高到低进行计算,若相邻的两个运算符优先级相同,则按其结合性的方向进行运算

【答案】B

【解析】正确的运算符优先顺序是:算术运算符>关系运算符>逻辑与运算符>赋值运算符,所以选项B错误。

知识点15:类型转换

【题目】已知 char ch = 277;,若将 ch 看作是1个字节长度的整形量,则 ch 的值是_____。

【答案】21

【解析】由于 277 > 255,作为1个字节长度的整形量有溢出,则其有效值为 277 - 256 = 21。

三、练习题及答案

1. 下面四个选项中,均是 C 语言关键字的选项是_____。

A) auto
    enum
    include

B) sizeof
    typedef
    continue

C) unsigned
    union
    scanf

D) if
    struct
    type

2. 以下叙述中错误的是_____。

A) 用户所定义的标识符允许使用关键字

B) 用户所定义的标识符应尽量做到"见名知意"

C) 用户所定义的标识符必须以字母或下划线开头

D) 用户定义的标识符中,大、小写字母代表不同标识

3. 以下叙述正确的是_____。

A) 可以把 define 和 if 定义为用户标识符

B) 可以把 define 定义为用户标识符,但不能把 if 定义为用户标识符

C) 可以把 if 定义为用户标识符,但不能把 define 定义为用户标识符

D) define 和 if 都不能定义为用户标识符

4. 下列四个选项中,均是不合法标识符的选项是_____。

A) AAA
    F_117
    do

B) float
    0a0
    _A

C) b-a
    goto
    int

D) -123
    temp
    INT

5. C 语言中的基本数据类型包括_____。

A) 整型、实型、字符串

B) 整型、实型、逻辑型、字符型

C) 整型、字符型、布尔型

D) 整型、实型、字符型

6. 在 C 语言中,char 型数据在内存中的存储形式是_____。

A) BCD 码   B) ASCII 码   C) 原码   D) 反码

7. 设有补码表示的两个单字节带符号整数 a=01001110 和 b=01001111,则 a-b 的结果用补码表示为_____。

A) 11111111   B) 10011101   C) 00111111   D) 10111111

8. 在 C 语言中,假定一个 int 型数据在内存中占 2 个字节(16 位计算机),则 unsigned int 型数据的取值范围为_____。

A) 0～255   B) 0～32767   C) 0～65535   D) 0～2147483647

9. 下列四个选项中,均是合法整型常量的选项是_____。

A) 139
    -0xffff
    012

B) -0xcde
    01a
    0xe

C) -01
    986,012
    0668

D) -0x48a
    2e5
    0x

10. 下列四个选项中,均是不合法的浮点数的选项是_____。

A) 160.
    0.12
    e3

B) 123
    2e4.2
    .e5

C) -.18
    123e4
    0.0

D) -e3
    .234
    1e3

11. 以下错误的字符串常量是_____。

A) 'abc'　　　　　　　B) "12'12"　　　　　　C) "0"　　　　　　　D) " "

12. 以下字符中不是转义字符的是_____。

A) '\a'　　　　　　　B) '\b'　　　　　　　C) '\c'　　　　　　　D) '\\'

13. 若有说明语句:char c = '\72';则变量 c_____。

A) 包含 1 个字符　　　　　　　　　　　B) 包含 2 个字符

C) 包含 3 个字符　　　　　　　　　　　D) 说明不合法,c 的值不确定

14. 已定义 ch 为字符型变量,以下赋值语句中错误的是_____。

A) ch = '\';　　　B) ch = 62 + 3;　　　C) ch = NULL;　　　D) ch = '\xaa';

15. 若变量 a 与 i 已正确定义,且 i 已正确赋值,合法的语句是_____。

A) a == 1　　　　　B) ++ i;　　　　　C) a = a + + = 5;　　　D) a = int(i);

16. 若变量已正确定义并赋值,下面符合 C 语言语法的表达式是_____。

A) a: = b + 1　　　B) a = b = c + 2　　　C) int 18.5 % 3　　　D) a = a + 7 = c + b

17. 若有代数式 $\dfrac{5ab}{cd}$,则错误的 C 语言表达式是_____。

A) a /c /d * b * 5　　B) 5 * a * b /c /d　　C) 5 * a * b /c * d　　D) a * b /c /d * 5

18. C 语言中的整形变量用保留字_____来说明,字符变量用保留字_____来说明,实数变量用保留字_____或_____来说明。

19. 以下关于 long、int 和 short 类型数据占用内存大小的叙述中正确的是_____。

A) 均占 4 个字节　　　　　　　　　　B) 根据数据的大小来决定所占内存的字节数

C) 由用户自己定义　　　　　　　　　　D) 由 C 语言编译系统决定

20. a,b 为整型变量,二者均不为 0,以下关系表达式中恒成立的是_____。

A) a * b /a * b == 1　　　　　　　　　B) a /b * b /a == 1

C) a /b * b + a % b == a　　　　　　　　D) a /b * b == a

21. 以下表达式中,运算结果错误的是_____。

A) 5 % 2 的结果为 1　　　　　　　　　B) 5 % (-2)的结果为 -1

C) (-5) % 2 的结果为 -1　　　　　　　D) (-5) % (-2)的结果为 -1

22. 以下程序的功能:输入一个三位整数,实现循环右移一位。 如输入:123 <回车>,则输出为:312,请填空:

```c
#include < stdio. h >
int main()
{   int n,tmp;
    printf("请输入一个三位整数(100 - 999):");
    scanf(" % d",&n);
    if (n > = 100&&n < = 999) /* 关于 if 语句的使用方法,可查阅第四章 * /
    {   tmp = _____(1)_____;
        n = _____(2)_____;
        n = tmp * 100 + n;
        printf(" % d",n);
```

```
    }
    else
        printf("输入数据错误");
    return 0;
}
```

23. 以下程序的运行结果是_____。

```
#include<stdio.h>
int main()
{   int i,j,k;
    i=3; j=2; k=1;
    printf("%d", i<j==j<k);
    return 0;
}
```

24. 设 x、y 和 z 是 int 型变量,且 x=3,y=4,z=5,则下面表达式中值为 0 的是_____。

A) 'x'&&'y'   B) x<=y

C) x||y+z&&y-z   D) !((x<y)&&!z||1)

25. 以下常量中,能够代表逻辑"真"值的常量是_____。

A) '\0'   B) 0   C) '0'   D) NULL

26. 设 a,b,c,t 为整型变量,初值为 a=3,b=4,c=5,执行完语句 t=!(a+b)+c-1&&b+c/2 后,t 的值是_____。

27. 已知 x=43,ch='A',y=0;则表达式(x>=y&&ch<'B'&&!y)的值是_____。

A) 0   B) 语法错   C) 1   D) "假"

28. 判断 char 型变量 cl 是否为小写字母的正确表达式是_____。

A) 'a'<=cl<='z'   B) (cl>=a)&&(cl<=z)

C) ('a'>=cl)||('z'<=cl)   D) (cl>='a')&&(cl<='z')

29. 执行下列语句后,a 和 b 的值分别为_____。

```
int a,b;
a=1+'a';
b=2+7%-4-'A';
```

A) -63,-64   B) 98,-60   C) 1,-60   D) 79,78

30. 以下程序的运行结果是_____。

```
#include<stdio.h>
int main()
{   int i=1,j=1,k=1,x;
    x=++i||++j&&++k;
    printf("%d,%d,%d,%d",x,i,j,k);
    return 0;
}
```

*31. 以下程序的运行结果是_____。

```c
# include <stdio.h>
int main()
{   int a = 4; ;
    char plain = 'A',key = '1',cipher;
    printf("%d,%d  ",a<<1,a>>1);
    printf("%c,",plain);
    cipher = plain^key;
    printf("%c,%c",cipher,cipher^key);
    return 0;
}
```

*32. 在位运算中,操作数每右移一位,其结果相当于_____。

A) 操作数乘以 2　　　　　　　　　B) 操作数除以 2

C) 操作数乘以 16　　　　　　　　 D) 操作数除以 16

*33. 整型变量 x 和 y 的值相等、且为非 0 值,则以下选项中,结果为零的表达式是_____。

A) x || y　　　　　B) x | y　　　　　C) x & y　　　　　D) x ^ y

34. 设 x 和 y 均为 int 型变量,且 x=1,y=2,则表达式 1.0+x/y 的值为_____。

35. 表达式 -18 || 18 的值是_____。表达式 -18 && 18 的值是_____。

36. C 语言表达式!(3<6)||(4<9)的值是_____。

37. 若有定义:char c = '\010';则变量 C 中包含的字符个数为_____.

38. 已知 i = 5.6;写出语句 a = (int)i;执行后变量 i 的值是_____。

39. 下列表达式中,正确的 C 语言表达式是_____。

A) i+++j++　　　B) ++i+++j　　　C) (i+j)++　　　D) 'A'++

40. 以下程序的运行结果是_____。

```c
# include <stdio.h>
int main()
{   int i = 010,j = 10;
    printf("%d,%d\n", ++i,j-- );
    return 0;
}
```

41. 已知有变量 a,其值为 9,则表达式 a * = 2+3 的值是_____。

42. 已知有变量 a,其值为 9,则表达式 a+=a-=a+a 的值是_____。

43. 若已知 int a = 1;则执行语句"x = a + 2, b = a--;"后变量 x,a,b 的值依次为_____。

44. 以下程序的运行结果是_____。

```c
# include <stdio.h>
int main()
{   int y = 3,x = 3,z = 1;
```

```
    printf("%d,%d\n",(++x,y++),z+2);
    return 0;
}
```

45. 已知在 16 位计算机上有如下 C 语言定义：int i = 3;则表达式：sizeof i * i;的值为_____。

46. sizeof(float)是_____。

A) 一种函数调用   B) 一个不合法的表达式
C) 一个整型表达式   D) 一个浮点表达式

*47. 以下程序的运行结果是_____。

```
#include <stdio.h>
int main()
{   int i = 5;
    printf("%d,",i);
    printf("%d,",sizeof(i++));
    printf("%d",i);
    return 0;
}
```

48. 以下程序的运行结果是_____。

```
#include <stdio.h>
int main()
{   int a = 3, b = 2;
    int c = 1, d = 0;
    printf("%d",d==a>b+c);
    return 0;
}
```

49. C 语言中要求对变量作强制定义的主要理由是_____。

A) 便于移植   B) 便于写文件
C) 便于编辑预处理程序的处理   D) 便于确定类型和分配空间

50. 设 a 和 b 均为 double 型常量，且 a = 5.5、b = 2.5,则表达式(int)a + b/b 的值是_____。

A) 6.500000   B) 6   C) 5.500000   D) 6.000000

51. 已知 char ch = 249; int i = ch;,则 i 的十进制值是_____。

52. 已知 unsigned char ch = 249; int i = ch;,则 i 的十进制值是_____。

第3章　标准设备的输入/输出

一、本章知识点

1. printf()函数的使用
2. scanf()函数的使用
3. getchar()和 putchar()函数的使用

二、例题、答案和解析

知识点 1:printf()函数的使用

【题目】以下程序的运行结果是_____。

```c
#include <stdio.h>
int main()
{   int a = 12345,b = 1234;
    float c = 34567.899;
    printf("%4d\n",a);
    printf("%d\t%s\n",b,"Welcome");
    printf("%10.2f\n",c);
    return 0;
}
```

A) 12345
   1234_____Welcome
   ____34567.90

B) 12345
   1234_____Welcome
       34567.90

C) 1234
   1234_____Welcome
   ____34567.89

D) 2345
   1234_____Welcome
       34567.899

【答案】A

【解析】printf 函数可用于输出各种数据类型的量。本题中使用的格式控制符%4d,用于输出整型量,其中数字 4 表示输出的整数最少占用 4 列(如果实际输出量的长度大于 4,则按实际长度输出,如果输出量的长度小于 4,则默认右对齐,左侧补空格);转义字符\t,表示输出制表位(屏幕光标跳至下一制表位),C 语言中默认的屏幕制表位为 8 的整数倍加 1 列(屏幕上的第 1,9,17……列);格式控制符%s,用于输出字符串;格式控制符%10.2f,用于输出浮点数,10.2 表示输出的浮点数最少占用 10 列,其中小数部分占 2 列,小数点本身占 1 列,整数部分占 7 列,如实际输出量的整数部分长度大于 7,则按实际长度输出;如果整数部分长度小于 7,则左侧补空格,printf 在按格式输出限定位数的小数部分时,末尾会做四舍五入。选项 A 符合上述描述。

知识点 2:scanf()函数的使用

【题目】已有如下程序定义和输入语句,要求输入变量 a,b,c,d 的值分别为 10,'a','b',1234.56,当从屏幕的第一列开始输入数据,程序的输出如下:

a = 10

b = a

c = b

d = 1234.560000

则下列正确的数据输入方式是_____。

```
#include <stdio.h>
int main()
{   int a;
    char b,c;
    double d;
    scanf("a = %d",&a);
    getchar();
    scanf("%c",&b);
    scanf(" c = %c",&c);
    scanf("%lf",&d);
    printf("a = %d\nb = %c\nc = %c\nd = %f\n",a,b,c,d);
    return 0;
}
```

A) a = 10

　　a

　　c = b

　　1234.56

B) a = 10

　　'a'

　　c = 'b'

　　1234.56

C) 10

　　ab

　　1234.56

D) a = 10a

　　c = b1234.56

【答案】A

【解析】格式控制字符 %c 输入字符时不需要单引号,所以 B 选项错误。scanf()函数的格式控制字符串中,除格式控制字符以外的字符串需要原样输入,所以 C 选项错误。源程序中有一行 getchar(),所以 D 选项中 a = 10a 有误,10 后紧跟字符 a,这样字符 a 会被 getchar()读入并舍弃,而之后的字符"回车"会被变量 b 读入。所以选项 A 正确。

知识点 3:getchar()和 putchar()函数的使用

【题目】执行程序,并按下列方式输入数据(从第 1 列开始输入)

12 <回车>

34 <回车>

以下程序的运行结果是_____。

```
#include <stdio.h>
int main()
{   char a,b,c,d;
    scanf("%c%c",&a,&b);
    c=getchar();
    d=getchar();
    printf("%c%c%c%c\n",a,b,c,d);
    return 0;
}
```

A) 1234 　　　　　B) 12 　　　　　C) 12 　　　　　D) 12

　　　　　　　　　　　　　　　　　　　　　　　3 　　　　　　　34

【答案】C

【解析】根据用户输入,程序分别给字符型变量 a、b、c、d 赋值为 '1'、'2'、'\n'、'3',因此选项 C 正确。

三、练习题及答案

1. 以下程序的运行结果是_____。

```
#include <stdio.h>
int main()
{   char c='A';
    int n=66,tmp;
    float f=23.456;
    printf("c=%d\tc=%o\n", c,c);
    printf("n=%c\tn=%x\n", n,n);
    tmp=printf("f=%5.1f\tf=%3.2f\n",f,f);
    printf("%d", tmp);
    return 0;
}
```

A) c=65　　c=101 　　　　　　B) c=65　　c=101

　　n=B　　n=42 　　　　　　　　n=B　　n=42

　　f=23.5　f=23.46 　　　　　　f=23.5　f=.46

　　16 　　　　　　　　　　　　　13

C) c=65　　c=101 　　　　　　D) c=65　　c=101

　　n=B　　n=42 　　　　　　　　n=B　　n=42

　　f=23.5　f=0.46 　　　　　　　f=23.5　f=.46

　　14 　　　　　　　　　　　　　14

2. 语句 printf("a\bre\'hi\'y\\bou\n");的输出结果是_____。

(说明:'\b' 是退格符)_____。

A) a\bre\'hi\'y\\bou 　　　　　　B) a\bre\'hi\'y\bou

C) re'hi'you　　　　　　　　　　　D) abre'hi'y\bou

3. 以下程序的输出结果是_____。

```c
int main()
{   float x = 3.6;
    int  i;
    i = (int)x;
    printf("x = % f,i = % d\n",x,i);
    return 0;
}
```

A) x = 3.600000,i = 4　　　　B) x = 3,i = 3

C) x = 3.600000,i = 3　　　　D) x = 3,i = 3.600000

4. 下列语句的结果是_____。

```c
int main()
{   int j;
    j = 3;
    printf(" % d,", ++ j);
    printf(" % d",j ++ );
    return 0;
}
```

A) 3,3　　　　　B) 3,4　　　　　C) 4,3　　　　　D) 4,4

5. double x; scanf(" % lf",&x);不可以赋值给 x 变量的常量是_____。

A) 123　　　　B) 100000　　　　C) 'A'　　　　D) "abc"

6. 以下程序的功能:输入半径 r,求半径为 r 的圆的面积和半径为 r 的球的体积,请填空。

```c
#include < stdio. h >
#define PI 3.14
int main()
{   double  r ,area , volume;
    int t;
    printf("please input r:\n");
    t = scanf(____(1)____);
    if (____(2)____)
    {   area = PI * r * r;
        volume = ____(3)____;
        printf("The area is % .2f.\n", area);
        printf("The volume is % .2f.\n", volume);
    }
    else
        printf("Input error! \n");
```

```
    return 0;
}
```

7. getchar()函数,执行一次只能接收一个_____。

8. putchar 函数可以向终端输出一个_____。

A) 整型变量表达式值   B) 实型变量值

C) 字符串   D) 字符或字符型变量值

9. 下列语句输出的结果是_____,int a =-1; printf("%x",a);

10. 运行以下程序,输入:a,b<回车>,则程序的运行结果是_____。

```
#include <stdio.h>
int main()
{   char c1,c2;
    c1 = getchar();
    c2 = getchar();
    putchar(c1);
    putchar(getchar());
    return 0;
}
```

A) a,b   B) ab   C) a,   D) ,b

第4章　C语言的流程控制

一、本章知识点

1. C程序的结构和语句
2. if语句
3. if语句的嵌套
4. 条件运算符
5. switch语句
6. while语句
7. for语句
8. do-while语句
9. break语句和continue语句
10. 循环的嵌套

二、例题、答案和解析

知识点1：C程序的结构和语句

【题目】关于C语言的程序结构，以下错误的说法是_____。

A）结构化程序由顺序结构、选择结构和循环结构三种基本结构组成

B）复合语句（或语句块）是指用一对花括号"{ }"括起的若干条语句，系统在语法上将它们视为一条语句

C）复合语句的花括号之后需要加";"，表示语句结束

D）C语言是一种结构化程序设计语言

【答案】C

【解析】用花括号"{ }"括起的若干条语句就是一个完整的复合语句，括号之后不需要加";"，所以选项C错误。

知识点2：if语句

【题目】关于if语句，以下错误的说法是_____。

A）if后面表达式两侧的圆括号不能省略

B）if后面的表达式可以是C语言中任意合法的表达式

C）在if（表达式）的后面不能加";"

D）else子句只能和if配对使用，不能单独作为一个语句使用

【答案】C

【解析】语法上，"if（表达式）;"，表示if语句的语句体是空语句，所以选项C错误。"if（表达式）;"在语法上正确，但在逻辑上，表示当条件满足（即表达式为真）时，做空语句（即不做任何操作），所以该if语句无意义。

知识点 3：if 语句的嵌套

【题目】以下程序的运行结果是_____。

```c
# include < stdio.h >
int main()
{   int x = -1;
    printf("The x is ");
    if (x >= 0)
    if (x == 0) printf("Zero.");
    else if (x > 0) printf("Positive.");
    else
    printf("Negative.");
    return 0;
}
```

【答案】The x is

【解析】由于为避免在嵌套的 if-else 中产生二义性，C 语言规定 else 子句总是与其之前最近的尚未配对的 if 配对。在本例中，最后一个 else 实际是与上一行 if 配对，而非与"if (x >= 0)"配对，所以当 x = -1 时，因不满足(x >= 0)，后面的语句均不会执行。

知识点 4：条件运算符

【题目】以下程序的运行结果是_____。

```c
# include < stdio.h >
int main()
{   int a = 1, b = 2, c = 3, d = 4, e = 5, k;
    k = a > b?c:d > e?d:e;
    printf("%d", k);
    return 0;
}
```

【答案】5

【解析】条件语句的结合性是自右向左，a > b?c:d > e?d:e，其中有下划线的部分是一个表达式。

知识点 5：switch 语句

【题目】关于 switch 语句，以下错误的说法是_____。

A) switch 后面括号内的"表达式"的值只能是整型、字符型和枚举型

B) switch 语句中的 default 子句是可选的

C) switch 的 case 子句中若包含多条语句，可以不加大括号

D) switch 的 case 子句后面只能跟整形变量

【答案】D

【解析】case 子句后面只能跟常量，所以选项 D 错误。

知识点 6：while 语句

【题目】运行以下程序,输入"abc123def < CR >",则程序的运行结果是_____。

```c
#include <stdio.h>
int main()
{   char c;
    while((c = getchar())! = '\n')
    {   if('A' <= c&&c <= 'Z')  putchar(c);
        else if('a' <= c&&c <= 'z')  putchar(c - 32);
    }
    return 0;
}
```

【答案】ABCDEF

【解析】本题用 while 循环和 getchar 循环读入键盘输入,终止条件是按回车< CR >。循环体内判断输入是否是大写字母,若是则原样输出,若是小写字母,转换成大写后输出,其他字符不做处理。

知识点 7：for 语句

【题目】以下程序的运行结果是_____。

```c
#include <stdio.h>
int main( )
{   int  x, y;
    for(x = 30, y = 0; x >= 10, y < 10; x--, y++)
        x /= 2, y += 2;
    printf("x = %d,y = %d\n",x,y);
    return 0;
}
```

【答案】x = 0, y = 12

【解析】本题 for 语句的初始化表达式、条件表达式、修正表达式以及循环体都是逗号表达式。逗号表达式的值为最后一个表达式的值,所以条件表达式"x >= 10, y < 10"的判断依据是"y < 10"。

知识点 8：do-while 语句

【题目】运行以下程序,输入 1234 <回车>,则程序的运行结果是_____。

```c
#include <stdio.h>
int main()
{   int num,c;
    scanf("%d",&num);
    do
    {   c = num%10;
        printf("%d",c);
```

```
    }while((num /= 10)> 0);
    printf("\n");
    return 0;
}
```

【答案】4321

【解析】本题采用模十除十的方法,逆向输出整数。

知识点 9:break 语句和 continue 语句

【题目 1】运行以下程序,输入:1 2 3 4 -2 5 0 -7 8 2<回车>,则程序的运行结果是_____。

```
#include < stdio. h >
#define N 10
int main()
{   int i, s = 0, count = 0;
    int temp;
    for(i = 0; i < N; i++)
    {   scanf("%d", &temp);
        if(temp < = 0) continue;
        s += temp;
        count ++ ;
    }
    printf("s = %d, count = %d\n", s, count);
    return 0;
}
```

【答案】s = 25, count = 7

【解析】continue 语句的意义是结束本次循环。上述程序是功能:输入 10 个数,计算其中大于零的数的和,并计数。

【题目 2】运行以下程序,输入:1 2 3 4 -2 5 0 -7 8 2<回车>,则程序的运行结果是_____。

```
#include < stdio. h >
#define N 10
int main()
{   int i, s = 0, count = 0;
    int temp;
    for(i = 0; i < N; i++)
    {   scanf("%d", &temp);
        if(!temp) break;
        if(temp < 0) continue;
        s += temp;
        count ++ ;
```

```
    }
    printf("s = % d,count = % d\n", s, count);
    return 0;
}
```

【答案】s = 15,count = 5

【解析】break 语句的意义是结束循环整体,continue 语句的意义是结束本次循环。上述程序功能:输入不多于 10 个数,计算其中大于零的数的和,并计数,输入达 10 个数或输入为"0"时终止程序。

知识点 10:循环的嵌套

【题目】以下程序的运行结果是_____。

```
♯include < stdio. h >
♯define N 5
int main( )
{   int i,j;
    for(i = N /2; i > = - (N /2); i-- )
    {   for(j = - (N /2); j < = N /2; j++ )
            if (abs(i) > = abs(j))  printf(" * ");
            else printf(" ");
        printf("\n");
    }
    return 0;
}
```

【答案】

```
 * * * * *
   * * *
     *
   * * *
 * * * * *
```

【解析】双重循环的执行过程为:外循环变量确定一个值后,进入内循环,内循环从头做到尾,然后返回外循环,外循环变量确定下一个值,重新进入内循环,内循环再次从头做到尾……直到外循环变量的最后一个值做完。本题构建了一个坐标模型,变量 i 对应纵坐标,其值从 2 至 -2,变量 j 对应横坐标,其值从 -2 至 2,通过两重循环嵌套遍历坐标区域,当纵坐标绝对值大于等于横坐标绝对值时输出" * ",否则输出空格。

三、练习题及答案

1. 关于 C 语言的程序结构和语句,以下正确的说法是_____。

A) 结构化程序由顺序结构、选择结构和嵌套三种基本结构组成

B) 一对花括号对"{ }"只能用来表示函数的开头和结尾,不能用于其他目的

C) 频繁地使用空语句会降低程序的可读性和运算速度

D) 程序中包含了三种基本结构的算法就是结构化程序

2. 在 C 语言中，逻辑"真"等价于_____。

A) 大于零的数　　　　　　　　　B) 大于零的整数

C) 非零的数　　　　　　　　　　D) 非零的整数

3. 能正确表示"当 x 的取值在[1,10]和[200,210]范围内为真,否则为假"的表达式是_____。

A) (x>=1)&&(x<=10)&&(x>=200)&&(x<=210)

B) (x>=1)||(x<=10)||(x>=200)||(x<=210)

C) (x>=1)&&(x<=10)||(x>=200)&&(x<=210)

D) (x>=1)||(x<=10)&&(x>=200)||(x<=210)

4. 以下程序的运行结果是_____。

```c
#include <stdio.h>
int main()
{   int a=1,b=3,c=5;
    if (c=a+b)                    /* 注意与(c==a+b)的区别 */
        printf("yes\n");
    else
        printf("no\n");
    return 0;
}
```

5. 以下程序的运行结果是_____。

```c
#include <stdio.h>
int main()
{   int a=1,b=2,t=0;
    if(a>b) t=a; a=b; b=t;        /* 注意与{t=a; a=b; b=t;}的区别 */
    printf("a=%d, b=%d",a,b);
    return 0;
}
```

6. 以下程序的运行结果是_____。

```c
#include <stdio.h>
int main()
{   int a=0,b=0,c=0,d=0;
    if(a=1) b=1;c=2;
    else d=3;
    printf("%d, %d, %d, %d",a,b,c,d);
    return 0;
}
```

A) 1,1,2,0　　　　B) 0,0,0,3　　　　C) 编译有错　　　　D) 0,1,2,0

7. 以下程序的运行结果是_____。

```c
#include <stdio.h>
int main()
{   int m = 5;
    if(m++ > 5) printf("%d\n",m);
    else printf("%d\n",m++);
    return 0;
}
```

A) 4   B) 5   C) 6   D) 7

8. 运行以下程序,输入:*-1<回车>*,则程序的运行结果是_____。

```c
#include <stdio.h>
int main()
{   int m;
    scanf("%d", &m);
    if (m >= 0)
        if (m%2 == 0)  printf("%d is a positive even\n", m);
        else  printf("%d is a positive odd\n", m);
    else if (m%2 == 0)  printf("%d is a negative even\n", m);
    else  printf("%d is a negative odd\n", m);
    return 0;
}
```

9. 为了避免嵌套的 if-else 语句的二义性,C 语言规定 else 总是与_____组成配对关系。

A) 缩排位置相同的 if
B) 在其之前未配对的最远的 if
C) 在其之前未配对的最近的 if
D) 书写在同一行上的 if

10. 以下程序的运行结果是_____。

```c
#include <stdio.h>
int main()
{   int a = 1,b = 0;
    if(!a) b++;
    else if (a == 0)
    if (a) b += 2;
    else b += 3;
    printf("%d",b);
    return 0;
}
```

A) 0   B) 1   C) 2   D) 3

11. 以下程序的运行结果是_____。

```
# include < stdio. h >
int main()
{   int a = 1, b = 0;
    if(!a) b ++ ;
    else if (a == 0)
    {if (a) b += 2;}        /* 注意与上一题此行比较 */
    else b += 3;
    printf(" % d", b);
    return 0;
}
```

A) 0　　　　　　　　　B) 1　　　　　　　　　C) 2　　　　　　　　　D) 3

12. 以下程序运行时,输入的值在哪个范围才会有输出结果_____。

```
# include < stdio. h >
int main()
{   int x;
    scanf(" % d", &x);
    if(x <= 3); else
    if(x! = 10) printf("x = % d\n", x);
    return 0;
}
```

A) 小于 3 的整数

B) 不大于 10 的整数

C) 大于 3 或等于 10 的整数

D) 大于 3 且不等于 10 的整数

13. 已知 ch 是 char 型变量,其值为 'A',则表达式 ch = (ch >= 'A' && ch <= 'Z')? (ch + 32):ch 的值为_____。

A) 'A'　　　　　　　　B) 'a'　　　　　　　　C) 'Z'　　　　　　　　D) 'z'

14. 若 w = 1, x = 2, y = 3, z = 4,则表达式 w < x?w:y < z?y:z 的值是_____。

A) 4　　　　　　　　　B) 3　　　　　　　　　C) 2　　　　　　　　　D) 1

15. 有如下嵌套的 if 语句

```
if (a < b)
    if(a < c) k = a;
    else k = c;
else
    if(b < c) k = b;
    else k = c;
```

以下选项中与上述语句等价的语句是_____。

A) k = (a < b)?((b < c)?a:b): ((b > c)?b:c);

B) k = (a<b)?((a<c)?a:c): ((b<c)?b:c);

C) k = (a<b)?a:b; k = (b<c)?b:c ;

D) k = (a<b)?a:b; k = (a<c)?a:c ;

16. 下列叙述中正确的是_____。

A) 在 switch 语句中,不一定使用 break 语句

B) 在 switch 语句中必须使用 default

C) break 语句必须与 switch 语句中的 case 配对使用

D) break 语句只能用于 switch 语句

17. 运行以下程序,输入:*A<回车>*,则程序的运行结果是_____。

```c
#include < stdio.h >
int main( )
{   char ch;
    ch = getchar();
    switch(ch)
    {   case 'A' :
            printf(" % c",'A');
        case 'B' :
            printf(" % c",'B');
            break;
        default:
            printf(" % s\n","other");
    }
    return 0;
}
```

18. 以下程序的运行结果是_____。

```c
#include < stdio.h >
int main()
{   int x = 1,y = 0,a = 0,b = 0;
    switch(x)
    {   case 1:
            switch(y)
            {   case 0:
                    a ++ ; break;
                case 1:
                    b ++ ; break;
            }
        case 2:
            a ++ ; b ++ ; break;
        case 3:
```

```
        a++; b++;
    }
    printf("a=%d,b=%d\n",a,b);
    return 0;
}
```

19. 语句 while(!e);中的条件!e 等价于_____。

A) e==0   B) e!=0

C) e!=1   D) e<>0

20. 下面程序片段,退出 while 循环时,s 的值是_____。

```
int i=0,s=1;
while(i<3) s+=i++;
```

A) 6   B) 5   C) 4   D) 3

21. 以下程序的运行结果是_____。

```
#include<stdio.h>
int main( )
{   int sum=10,n=1;
    while(n<3)
    {   sum=sum-n;
        n++;
    }
    printf("%d,%d",n,sum);
    return 0;
}
```

22. 以下程序的运行结果是_____。

```
#include<stdio.h>
int main( )
{   int k=3,sum=0;
    while(k--);
    sum+=k;
    printf("%d,%d",sum,k);
    return 0;
}
```

23. 对于 for(表达式 1;;表达式 3)的含义等价于_____。

A) for(表达式 1;0;表达式 3)

B) for(表达式 1;1;表达式 3)

C) for(表达式 1;表达式 1;表达式 3)

D) for(表达式 1;表达式 3;表达式 3)

24. 在 C 语言中,执行语句 for(j=1;j<5;j++);后,变量 j 的值是_____。

A) 3   B) 4   C) 5   D) 6

25. 以下程序的运行结果是_____。

```
# include < stdio. h >
int main()
{   int y = 9;
    for( ;y > 0;y-- )
        if(y % 3 == 0) printf("% d", -- y);
    return 0;
}
```

A) 852   B) 875421   C) 741   D) 963

26. 设 j 为 int 型变量,则下面程序段的执行结果是_____。

```
for( j = 10;j > 3;j-- )
{   if(j % 3)
        j--;
        j--;
        j--;
    printf("% d ",j);
}
```

A) 6 3   B) 7 4   C) 6 2   D) 7 3

27. C 语言中关于 while 和 do-while,以下说法正确的是_____。

A) do-while 的循环体至少无条件执行一次

B) while 的循环控制条件比 do-while 的循环控制条件严格

C) while 和 do-while 循环体都有可能一次不被执行一次

D) do-while 的循环体不能是复合语句

28. 以下程序的运行结果是_____。

```
# include < stdio. h >
int main()
{   int x = 3;
    do
        printf("% d   ",x-= 2);
    while(!( -- x));
    return 0;
}
```

A) 1   B) 1 - 2   C) 3 0   D) 是死循环

29. 以下程序的运行结果是_____。

```
# include  < stdio. h >
int main( )
{   int sum = 0, x = 5;
    do
        sum += x;
```

```
        while(! -- x);
        printf(" % d\n", sum);
        return 0;
}
```

A) 0   B) 5   C) 14   D) 15

30. 以下说法正确的是_____。

A) continue 语句的作用是结束整个循环的执行

B) 只能在循环体内和 switch 语句体内使用 break 语句

C) 在循环体内使用 break 语句或 continue 语句的作用相同

D) 使用 break 可以直接从多层循环嵌套中退出

31. 以下程序的运行结果是_____。

```
# include < stdio. h>
int main()
{   int i;
    for(i = 1; i < = 5; i + + )
    {   if(i % 2)
            printf(" * ");
        else
            continue;
        printf(" # ");
    }
    printf(" $ ");
    return 0;
}
```

A) * # * # * # $ B) * # * # $

C) # * # * # * $ D) # * # * $

32. 以下程序的运行结果是_____。

```
# include  < stdio. h>
# define N 100
int main()
{   int i = 1, sum = 0;
    for( ; ; )
    {   sum + = i;
        if ( + + i > 100) break;
    }
    printf(" % d\n", sum);
    return 0;
}
```

33. 以下程序的功能:输入年份,验证其有效性并判断其是否是闰年,请填空。

```
#include < stdio. h>
int main()
{   int year,r;
    do
    {   printf("请输入年份:");
        r = scanf(" % d",&year);
    }while(_____(1)_____);
    if(_____(2)_____)
        printf(" % d年是闰年\n",year);
    else printf(" % d年非闰年\n",year);
    return 0;
}
```

34. 以下程序功能:用辗转相除法求两个数的最大公约数和最小公倍数,请填空。

```
#include < stdio. h>
int main()
{   int a,b,r,tmp_a,tmp_b;
    printf("please input two numbers:\n");
    scanf(" % d % d",&a,&b);
    tmp_a = a;
    tmp_b = b;
    _____(1)_____;
    while (r!  = 0)
    {    a = b; b = r; r = a % b;   }
    printf("最大公约数: % d\n",b);
    printf("最小公倍数: % d\n",_____(2)_____);
    return 0;
}
```

35. 以下程序功能:判断一个数是否是回文数,请填空。

```
#include < stdio. h>
int main()
{   int a,tmp,sum = 0;
    scanf(" % d",&a);
    tmp = a;
    while(_____(1)_____)
    {   sum  = sum ∗ 10 + tmp % 10;
        _____(2)_____;
    }
    if(sum == a)
        printf(" % d是回文数\n",a);
```

```
else
        printf("%d不是回文数\n",a);
    return 0;
}
```

36. 以下程序功能:打印输出斐波那契数列的前 20 项,请填空。

```
#include <stdio.h>
int main()
{   long int f1,f2;
    int i;
    f1 = 1; f2 = 1;
    for(i = 1; i <= 20; i++)
    {   printf("%12ld %12ld",f1,f2);
        if(i%2 == 0)
            printf("\n");
              (1)          ;
              (2)          ;
    }
    return 0;
}
```

37. 以下程序功能:判断输入整数是否是素数,请填空。

```
#include <stdio.h>
#include <math.h>
int main( )
{
    int x, b, i;
    printf("Please input a integer number: ");
    scanf("%d", &x);
    b = sqrt(x);        /* sqrt()是数学库函数,功能为开平方根 */
    for(      (1)                    )
        if(x%i == 0) break;
    if(      (2)          )
        printf("%d is a prime number\n", x);
    else
        printf("%d is not a prime number\n", x);
    return 0;
}
```

38. 以下程序实现了一个简易计算器:从键盘输入数据,验证其有效性后进行四则运算,并输出计算结果,请填空。

```
#include <stdio.h>
```

```
int main()
{   float x, y;
    char op;
    if (scanf("%f%c%f",&x,&op,&y) == 3 )
    {   float result;
        printf("%.2f%c%.2f = ", x, op, y);
        switch (_____(1)_____)
        {   case '+':
                printf("%f\n", x + y);
                break;
            case '-':
                printf("%f\n", x - y);
                break;
            case '*':
                printf("%f\n", x * y);
                break;
            case '/':
                if (_____(2)_____) printf("除数不能是零\n");
                else printf("%f\n",x /y);
                _____(3)_____;
            default:
                printf("输入数据有误\n");
        }
    }
    else printf("输入数据有误\n");
    return 0;
}
```

39. 以下程序功能：利用公式 $\frac{\pi}{2} = 1 + \frac{1}{3} + \frac{1}{3} \times \frac{2}{5} + \frac{1}{3} \times \frac{2}{5} \times \frac{3}{7} + \cdots + \frac{1}{3} \times \frac{2}{5} \times \frac{3}{7} \times \cdots \times \frac{n}{2n+1}$ 求圆周率，要求当通项精度小于 10^{-6} 时，输出结果，请填空。

```
#include <stdio.h>
#include <math.h>
int main()
{   int i = 1;
    double pi = 0, t = 1;
    do
    {   pi = pi + t;
        _____(1)_____;
```

```
        i++;
    }
    while(fabs(t)>= 1e - 6);      /* fabs()数学库函数,功能为求实数绝对值 */
    printf("result: % lf\n",_____(2)_____);
    return 0;
}
```

第5章 函 数

一、本章知识点

1. 函数的定义
2. 函数的调用
3. 函数的参数
4. 函数的类型与返回值
5. 函数的原型声明
6. 函数的嵌套调用
7. 函数的递归调用
8. 使用 C 系统函数
9. 作用域
10. 存储类别
11. 全局变量的作用域的扩展和限制
12. 程序的多文件组织
13. 内部函数和外部函数

二、例题、答案和解析

知识点 1：函数的定义

【题目 1】能正确求解两单精度数之和的程序是_____。

A) float add(float x, float y)
```
{   float r;
    r = x + y;
    return r;
}
```
B) float add(float x, y)
```
{   float r;
    r = x + y;
    return r;
}
```
C) int add(float x, float y)
```
{   float r;
    r = x + y;
    return r;
}
```

D) void add(float x,float y)

```
{    int r;
     r = x + y;
     return r;
}
```

【答案】A

【解析】选项 B 错在形参 x 与 y 没有分开说明。选项 C 错在函数的类型,函数的类型应该与函数返回值的类型一致,本题应该返回单精度数,而不是整型数。选项 D 也错在函数的类型,void 表明函数没有返回值,而本题函数有返回值。

【题目 2】以下说法中正确的是_____。

A) 组成 C 语言程序的基本单位是主程序,程序总是从第一个定义的函数开始执行

B) 组成 C 语言程序的基本单位是子程序,程序中要调用的函数必须在 main() 函数中定义

C) 组成 C 语言程序的基本单位是函数,程序总是从 main() 函数开始执行

D) 组成 C 语言程序的基本单位是过程,程序中的 main() 函数必须放在程序的开始部分

【答案】C

【解析】C 语言程序是由函数构成,函数可以是库函数和自定义函数。C 语言程序总是从 main() 函数开始执行。在函数体内,可以调用其他函数,但不能定义另一个函数,即函数可以嵌套调用,但不能嵌套定义。函数(包括 main() 函数)可以放在文件的任何位置。

知识点 2:函数的调用

【题目 1】C 语言规定,调用一个函数时,实参变量和形参变量之间的数据传递方式是_____。

A) 地址传递

B) 单向值传递

C) 由实参传给形参,并由形参传回给实参

D) 由用户指定传递方式

【答案】B

【解析】在调用函数时,系统会按对应的顺序用实参的值初始化形参。实参是表达式,简单的表达式可以是常量或变量,形参是被调函数的局部变量(在调用函数时分配空间)。实参初始化形参是将实参表达式的值赋给形参变量。如果实参是变量,则实参和形参有各自的存储单元,形参的改变,不能改变实参的值。

【题目 2】以下程序的运行结果是_____。

```
#include < stdio.h >
void func(int y)
{    ++y;
     printf("%d  ",y);
}
int main()
```

```
{   int x = 5;
    func(x);
    printf(" % d",x);
    return 0;
}
```

【答案】6 5

【解析】main 函数调用 func 时，执行了 int y＝x 初始化语句。形参 y 是一个新创建的局部动态变量，它的改变不影响实参 x。x 和 y 是不同的变量，各自有自己的存储空间。

【题目 3】阅读以下程序，填空写出函数的首部。

```
_____
{   printf(" % d   % lf   % f",s1,s2,s3);   }
int main()
{   int s1, double s2, float s3 ;
    int n;
     :
    fun(s1,s2,s3);
     :
    return 0;
}
```

【答案】void fun(int s1,double s2,float s3)

【解析】在 fun 函数体中没有返回语句，所以函数的类型为 void；fun 有三个实参，其类型分别为 int、double 与 float。根据实参与形参的类型、顺序、个数一一对应的原则，函数的首部为 void fun(int s1,double s2,float s3)。

知识点 3：函数的参数

【题目】以下程序的运行结果是_____。

```
# include < stdio. h>
int func (int a, int b)
{   int c ;
    c = a＋b ;
    return c ;
}
int main ()
{   int x = 6,y = 7,z = 8,r ;
    r = func ((x-- , y++ , x＋y) , z-- ) ;
    printf ("% d \n", r) ;
    return 0;
}
```

A) 11   B) 20   C) 21   D) 31

【答案】C

【解析】func 函数有 2 个实参,(x-- , y++ , x+y)是逗号表达式。在函数调用时,执行 2 个初始化语句,int b=z-- 和 int a=(x--,y++,x+y)。形参 b 的值为 8,a 的值为 13,函数返回 21。

知识点 4:函数的类型与返回值

【题目 1】C 语言中函数返回值的类型是由_____决定的。

A) return 语句中的表达式类型

B) 调用该函数的主调函数类型

C) 调用函数时临时

D) 定义函数时所指定的函数类型

【答案】D

【解析】函数的类型决定了函数返回值的类型。

【题目 2】以下程序的运行结果是_____。

```
#include <stdio.h>
int test()
{   float a=5.7;
    return a;
}
int main( )
{   int b;
    b=test();
    printf("b=%d\n",b);
    return 0;
}
```

【答案】b=5

【解析】当返回值的类型与函数的类型不同时,系统会自动将返回值强制转换为函数的类型的量。

知识点 5:函数的原型声明

【题目 1】写出被调函数的原型声明语句。

```
#include <stdio.h>
_____;
int main()
{   int a=2,b=5,c=8;
    printf("%3.0f\n",fun((int)fun(a+c,b),a-c));
    return 0;
}
float fun(int x,int y)
{   return(x+y);   }
```

【答案】float fun(int x,int y);或 float fun(int , int);

【解析】函数必须先声明后使用。当被调函数的定义在主调函数之前,函数定义本身就是函数声明。当被调函数的定义在主调函数之后,则在主调函数之前必须对被调函数声明。函数原型声明是为了检查函数调用时参数类型和个数方面的错误,不需要了解形参的名称,所以说明语句有两种形式。第一种是将函数定义的首部加分号构成函数声明语句,本题的函数声明语句为 float fun(int x, int y);。第二种声明是将第一种声明中的函数形参名去掉,本题函数的第二种声明语句为 float fun(int , int);。

【题目 2】已知一个函数的定义如下:

double fun(int x, double y)

{ …… }

则该函数正确的函数原型声明语句为_____。

A) double fun (int x,double y)

B) fun (int x,double y) ;

C) double fun (int ,double);

D) fun(x,y);

【答案】C

【解析】选项 A 不是语句。选项 B 中函数的类型没有写,则默认为 int,与函数定义不符,错误。选项 D 是调用语句,错误。

知识点 6:函数的嵌套调用

【题目 1】以下程序运行输出结果是_____。

```
# include < stdio. h >
int fun1( int x, int y)
{   return x > y?x:y; }
int fun2( int x, int y)
{   return x > y?y:x; }
int main( )
{   int a = 4, b = 3, c = 5, d = 2, e, f, g;
    e = fun2(fun1(a,b),fun1(c,d));
    f = fun1(fun2(a,b),fun2(c,d));
    g = a + b + c + d - e - f;
    printf(" %d, %d, %d\n",e,f,g);
    return 0;
}
```

A) 4,3,7   B) 3,4,7   C) 5,2,7   D) 2,5,7

【答案】A

【解析】通过阅读程序可知,fun1 函数返回两数中的大数,fun2 函数返回两数中的小数。e = fun2(fun1(a,b),fun1(c,d));是函数的嵌套调用语句,嵌套调用了两次 fun1 函数,fun1 函数返回值分别作为 fun2 的两个实参。fun1(a,b)的返回值为 4,fun1(c,d)的返回值为 5,所以 fun2(4,5)的返回值为 4,e 的值为 4。同理 f 的值为 3。根据形参改变不了实参的原则,a,b,c 的值均不会改变,g = 4 + 3 + 5 + 2 - 4 - 3 = 7。答案为 A。

【题目2】以下程序运行结果是_____。

```c
#include<stdio.h>
int fun (int x,int y)
{   if  (x! = y)
        return ((x + y),2);
    else
        return (x);
}
 int main()
{   int a = 4, b = 5, c = 6;
    printf("%d\n",fun(2*a,fun(b,c)));
    return 0;
}
```

A) 11　　　　　　　　B) 6　　　　　　　　C) 8　　　　　　　　D) 2

【答案】D

【解析】主函数的函数调用 fun(2*a,fun(b,c)),第一个实参是 2*a,第二个实参是 fun(b,c)函数的返回值。注意被调函数中的((x + y),2)是逗号表达式。

知识点7:函数的递归调用

【题目1】以下程序运行结果是_____。

```c
#include<stdio.h>
void fun(int x)
{   if(x/2>0)  fun(x/2);
    printf("%d  ",x);
}
int main()
{   fun(6);
    printf("\n");
    return 0;
}
```

【答案】1 3 6

【解析】函数嵌套调用时,流程转入被调函数,被调函数执行完毕,流程返回主调函数。例如 main 调用 fun1 函数,fun1 函数调用 fun2 函数,fun2 函数调用 fun3 函数,被调函数是一系列不同的函数体,当然函数名也不同。而函数递归调用的本质是函数嵌套调用,此时被调函数可以被看成是一系列函数名相同而函数体不同的函数(即复制同名函数的函数体若干)。对本例而言,就是 main 函数调用 fun 函数,fun 函数调用 fun 函数,fun 函数调用 fun 函数,每次调用 fun 函数时,区别在于参数不同,而被调用的函数体可以被看成一个新的函数。递归调用的具体过程为:

【题目 2】以下程序运行结果是_____。

```
# include < stdio. h >
int fun (int a, int b)
{    if  (b == 0)
        return a;
     else
        return (fun( -- a, -- b));
}
int main()
{    printf(" % d\n",fun(4,2));
     return 0;
}
```

【答案】2

【解析】递归调用的具体过程为：

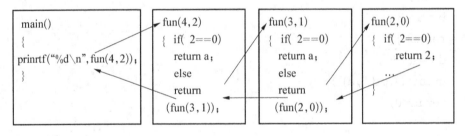

可见调用了 fun(3,1)和 fun(2,0)两次递归。

知识点 8:使用 C 系统函数

【题目】请完善以下程序。

```
# include < stdio. h >
_____
double   fun(int n)
{   double   s = 0.0;
    int   i;
    for(i = 0; i < n;i++)          //从 0～n 中找既能被 5 整除同时又能被 11 整除的数
        if(i % 5 == 0&&i % 11 == 0)
            s = s + i;
    s = sqrt(s);                   //对 s 求平方根
```

```
        return  s;
    }
    int main()
    {   printf("s = % f\n", fun(100));
        return 0;
    }
```

【答案】# include < math. h>

【解析】调用系统库函数,必须包含其对应的头文件,因为函数必须先声明后使用,在头文件包含了库函数的原型声明。本程序中使用了 sqrt(s)数学库函数,其声明在头文件 math. h 中。

知识点 9:变量作用域

【题目 1】以下程序运行结果是_____。

```
# include < stdio. h>
int d = 1;
void fun(int p)
{   int d = 5;
    d += p++ ;
    printf ("%d ",d) ;
}
int main()
{   int a = 3 ;
    fun(a) ;
    d += a++ ;
    printf("%d ",d) ;
    return 0;
}
```

     A) 8 4   B) 9 6   C) 9 4   D) 8 5

【答案】A

【解析】当局部变量与全局变量同名时,局部变量的使用优先,因此 fun 函数中使用的 d 是局部变量 d,与全局变量 d 无关。main 函数中没有定义变量 d,因此 main 函数中使用的 d 为全局变量 d。主函数调用 fun(3),执行 int p=a 给形参 p 分配空间,接收实参的值 3,d= d + p=5 + 3=8,p 自加后为 4,输出 d 值 8,释放 p 空间,返回主函数;执行 d=d + a=1 + 3=4,a 自加后为 4,输出 d 值 4,所以答案为 A。

知识点 10:变量存储类别

【题目 1】在程序执行过程中,该程序的某一个函数 func()中说明的 static 型变量 x 有_____的特性。

     A) x 存在于 func()被调用期间且仅能被 func()所用

     B) x 存在于整个程序执行过程中且仅能被 func()所用

C）x 存在于 func()被调用期间且可被所有函数所用

D）x 存在于整个程序执行过程中且可被所有函数所用

【答案】B

【解析】static 型变量存储在静态存储区中，编译时分配空间，在程序的运行过程中始终存在。static 型局部变量，在所定义的子函数或复合语句内有效。

【题目 2】以下程序运行结果是＿＿＿＿＿。

```
# include < stdio.h >
int fun( int n);
int main()
{    int a = 3, s;
     s = fun(a);
     s = s + fun(a);
     printf(" % d", s);
     return 0;
}
int fun( int n)
{    static int a = 1;
     n += a ++ ;
     return n;
}
```

【答案】9

【解析】静态型变量编译时初始化一次，离开函数后，静态变量仍然存在，下一次该函数被调用时，其值是前一次离开时的值。fun 函数第 1 次被调用结束时，局部静态变量 a 的值是 2，当 fun 函数第 2 次被调用时，a 的初值是其前一次离开时的值 2。

知识点 11：全局变量的作用域的扩展和限制

【题目 1】以下程序的正确运行结果是＿＿＿＿＿。

```
# include < stdio.h >
void num()
{    extern int x, y;
     int a = 15, b = 10;
     x = a - b;
     y = a + b;
}
int x, y;
int main(void)
{    int a = 7, b = 5;
     x = a + b;
     y = a - b;
     num();
```

```
        printf("% d, % d\n", x, y);
        return 0;
    }
```

A) 12, 2　　　　　B) 不确定　　　　　C) 5, 25　　　　　D) 1, 12

【答案】C

【解析】全局变量的作用域可以加 extern 扩展和 static 限制。全局变量 x 和 y 的作用域是从它们的定义位置开始到程序结束。但 num 函数中 extern int x, y; 语句将全局变量 x, y 的作用域扩展到 num()函数内,使得 num()函数可以对全局变量 x, y 进行读写操作。main()函数使用的 x 和 y 也是全局变量的 x 和 y。

【题目 2】以下程序能否正常执行?

源程序文件 f1.c

```
# include < stdio. h >
static int A;
int main()
{    int power(int);
     int b = 3, c, d, m;
     scanf("% d % d",&A,&m);
     d = power(m);
     printf("% d^% d = % d\n",A,m,d);
     return 0;
}
```

源程序文件 f2.c

```
extern A;
int power(int n)
{    int i, y = 1;
     for(i = 1;i < = n;i++)
         y = y * A;
     return(y);
}
```

【答案】不能

【解析】出错信息为 f2.obj : error LNK2001: unresolved external symbol _A,因为全局变量 A 是 static 型的,限制它只能在 f1.c 文件中使用。

知识点 12:程序的多文件组织

【题目 1】求 1～n 之间所有数的平方根。工程名为 sqrtList,有 f1.c 和 f2.c 两程序。

源程序文件 f1.c 的内容:

```
# include  < stdio. h >
int main( )
{    int  num;
     void SqrtList(int  n);
```

```
        scanf(" % d",&num);
        if(num > 0) SqrtList(num);
        return 0;
}
```

源程序文件 f2.c:的内容：

```
# include  < stdio. h >
# include  < math. h >
void SqrtList( int n)
{    int i;
     for( i = 1; i < = n; i++ )
         printf("sqrt( % d) = % lf\n", i,sqrt(i));
}
```

输入 5,程序的运行结果是_____。

【答案】

```
sqrt(1) = 1.000000
sqrt(2) = 1.414214
sqrt(3) = 1.732051
sqrt(4) = 2.000000
sqrt(5) = 2.236068
```

【解析】一个完整的程序中的若干函数可以被存放在两个及两个以上文件中。一般主函数存放一个文件,算法存放另一文件。首先建立工程 sqrtList,再将 f1.c 和 f2.c 两源文件加载到工程源文件目录下,即可编译、链接,生成可执行文件 sqrtList.exe。

知识点 13:内部函数和外部函数

【题目 2】以下程序的运行结果是_____。

源程序文件 f1.c

```
# include < stdio. h >
void funb();   /*   或 extern void funb();   * /
static void funa()
{   printf("f1 -- funa   "); }
int main( )
{   funa();
    funb();
    return 0;
}
```

源程序文件 f2.c

```
# include < stdio. h >
static void funa()
{   printf("f2 -- funa\n"); }
void funb()
```

```
{   funa();   }
```

【答案】f1 -- funa　f2 -- funa

【解析】根据函数能否被其他源文件调用,将函数分为内部函数与外部函数。如果一个函数只能被本文件中的其他函数调用,称为内部函数,方法是在函数头前加关键字 static。如果一个函数能被其他文件中的函数调用,称为外部函数,方法是在函数头前加关键字 extern。如果省略 extern,系统默认为外部函数。程序的执行过程为:主函数调用 funa 函数,因为 funa 是内部函数,所以调用的是同文件的 funa,输出 f1 -- funa;调用 funb 函数,funb 是外部函数,存放在 f2.c 文件中,但在 f1.c 中进行了原型说明,可以正常调用。在 f2.c 中的 funb 函数又调用了 funa,funa 是内部函数,调用的是 f2.c 中的 funa 函数,输出 f2 -- funa。答案为 f1 -- funa　f2 - funa。

三、练习题及答案

1. C 语言程序的基本单位是_____。

A) 程序行　　　　　　B) 语句　　　　　　C) 函数　　　　　　D) 字符

2. C 语言可执行程序的开始执行点是_____。

A) 程序中第一条可执行语句　　　　　B) 程序中第一个函数

C) 程序中的 main 函数　　　　　　　D) 包含文件中的第一个函数

3. 下面正确的函数定义形式是_____。

A) double fun(int x, int y) { }　　　B) double fun(int x;int y) { }

C) double fun(int x, int y);　　　　D) double fun(int x,y);

4. C 语言中,函数值类型的定义可以缺省,此时函数值的隐含类型是_____。

A) void　　　　　　B) double　　　　　C) float　　　　　D) int

5. 在以下对 C 语言的描述中,正确的是_____。

A) 在 C 语言中调用函数时,只能将实参的值传递给形参,形参的值不能传递给实参

B) C 语言函数既可以嵌套定义又可以递归调用

C) 函数必须有返回值,否则不能使用函数

D) C 语言程序中有调用关系的所有函数都必须放在同一源文件中

6. 下面说法正确的是_____。

A) main()函数必须在其他函数之前定义,它可以定义和调用其他函数

B) main()函数可以在其他函数之后定义,它可以调用但不能定义其他函数

C) main()函数必须在其他函数之前定义,它不可调用但可以定义其他函数

D) main()函数必须在其他函数之后定义,它不可调用及定义其他函数

7. 程序运行后的输出结果是_____。

```
#include <stdio.h>
int f(int x)
{   return x*x+1;   }
int main()
{   int a,b=0;
    for(a=0;a<3;a++)
```

```
{   b = b + f(a);
        putchar('A' + b);
    }
    return 0;
}
```

A) ABE   B) BDI   C) BCF   D) BCD

8. 函数调用语句：func ((exp1, exp2), (exp3, exp4, exp5)); 含有实参的个数是_____。

A) 1   B) 2   C) 4   D) 5

9. 当调用函数时，实参是一个数组名，则向函数传送的是_____。

A) 数组的长度   B) 数组的首地址

C) 数组每一个元素的地址   D) 数组每个元素的值

10. 根据程序写出函数的首部。

```
_____
{   printf("%d,%f",a,b); }
int main()
{   int a;
    float b;
        :
    fun(b,a);
        :
    return 0;
}
```

A) void fun(int a,float b)   B) void fun(float b,int a)

C) void fun(float a,int b)   D) void fun(int b,float a)

11. 以下说法正确的是_____。

A) 函数的定义可以嵌套，调用不可以嵌套

B) 函数的定义和调用都可以嵌套

C) 函数的定义和调用都不允许嵌套

D) 函数的定义不可以嵌套，调用可以嵌套

12. C语言规定，函数返回值的类型是由_____。

A) return 语句中的表达式类型所决定

B) 调用该函数时的主调函数类型所决定

C) 调用该函数时系统临时决定

D) 在定义该函数时所指定的函数类型所决定

13. 以下程序的运行结果是_____。

```
# include < stdio. h >
float fun(int x, int y)
{   return(x + y); }
```

```
main()
{    int a = 2,b = 5,c = 8;
     printf("%3.0f\n",fun((int)fun(a + c,b),a - c));
}
```

A) 编译出错   B) 9   C) 21   D) 9.0

14. 已知函数 fun 的定义为:

```
void fun()
{   …   }
```

则函数定义中 void 的含义是_____。

A) 执行函数 fun 后,函数不再返回   B) 执行函数 fun 后,可以返回任意类型
C) 执行 fun 后,函数没有返回值   D) 执行 fun 后,不会自动返回调用函数

15. 形参为简单变量的函数,如果有返回值,应该由_____(1)_____语句返回。在同一个函数中用 retutn 语句返回值的个数为_____(2)_____个。当返回的表达式值的类型与函数的类型不同时,函数返回值的类型由_____(3)_____决定。void 为空类型,表明函数_____(4)_____。

16. 关于函数声明,以下说法不正确的是_____。

A) 如果函数定义出现在函数调用之前,可以不必加函数原型声明

B) 如果在所有函数定义之前,在函数外部已做了声明,则各个主调函数不必再做函数原型声明

C) 函数在调用之前,若其定义在后,则一定要声明函数原型,保证编译系统进行全面的调用检查

D) 标准库不需要函数原型声明

17. 读以下程序,该程序的输出的结果是_____。

```
#include <stdio.h>
int func( int a,int b)
{
    return(a + b);
}
int main()
{
    int x = 2,y = 5,z = 8,r;
    r = func(func(x,y),z);
    printf("%d\n",r);
    return 0;
}
```

A) 12   B) 13   C) 14   D) 15

18. 以下程序的运行结果是_____。

```
#include <stdio.h>
void fun (int x , int y , int z)
```

```
{   int t ;
    t = x ; x = y ; y = t ;
    x = x * x ;
    y = y * y ;
    z = x - y ;
}
int main ( )
{   int x, y, z ;
    x = 50 ; y = 500 ; z = 0 ;
    fun (x,y,z) ;
    printf ("x = % d,y = % d,z = % d\n", x , y , z) ;
    return 0;
}
```

19. 以下程序的运行结果是_____。

```
# include < stdio. h >
int fun(int x);
int main()
{   int n = 1, m;
    m = fun(fun(fun(n)));
    printf("% d\n",m);
    return 0;
}
int fun(int x)
{   return x * 2;   }
```

A) 4　　　　　　　　B) 8　　　　　　　　C) 1　　　　　　　　D) 2

20. 以下程序的运行结果是_____。

```
# include < stdio. h >
int func(int a,int b)
{
    int m = 0 ,i = 2;
    i += m + 1;
    m = i + a + b ;
    return(m);
}
int main()
{
    int k = 4,m = 1,p;
    p = func(k,m);
    printf(" % d,",p);
```

```
    p = func(k,m);
    printf(" % d\n",p);
    return 0;
}
```

  A) 8,15   B) 8,16   C) 8,17   D) 8,8

21. 以下程序的运行结果是_____。

```
#include < stdio.h >
int sum(int a, int b)
{
    return a + b - 2;
}
int main()
{
    int i;
    for(i = 0;i < 5;i++ )
        printf(" % d",sum(i,3));
    printf("\n");
    return 0;
}
```

  A) 54321   B) 01234   C) 45678   D) 12345

22. 在C语言的函数定义过程中,如果函数 funA 调用了函数 funB,函数 funB 又调用了函数 funA,则_____。

  A) 称为函数的直接递归   B) 称为函数的间接递归

  C) 称为函数的嵌套调用   D) C 语言中不允许这样的递归形式

23. 以下描述中错误的是_____。

  A) C 语言允许函数的递归调用

  B) C 语言中的 continue 语句,可以通过改变程序的结构而省略

  C) 有些递归程序是不能用非递归算法实现的

  D) C 语言中不允许在函数中再定义函数

24. 以下程序的运行结果是_____。

```
#include < stdio.h >
long fun( int n)
{
    long s;
    if(n == 1 || n == 2)
        s = 2;
    else
        s = n - fun(n - 1);
    return s;
```

```
}
int main()
{
    printf("% ld\n", fun(3));
    return 0;
}
```

A) 1   B) 2   C) 3   D) 4

25. 以下程序的运行结果是_____。

```
# include < stdio. h >
long fib( int n)
{
    if(n > 2)
        return(fib(n - 1) + fib(n - 2));
    else
        return(2);
}
int main()
{
    printf("% d\n", fib(3));
    return 0;
}
```

A) 2   B) 4   C) 6   D) 8

26. 以下程序的运行结果是_____。

```
# include < stdio. h >
void convert(char ch)
{
    if(ch < 'X')   convert(ch + 1);
    printf("% c", ch);
}
int main()
{
    convert('W');
    printf("\n");
    return 0;
}
```

A) YZ   B) VW   C) XY   D) XW

27. 以下程序的运行结果是_____。

```
# include < stdio. h >
void printd ( int n )
```

```
{    int i , t ;
     if ((t = n % 10)! = 0 )
     {   putchar (t + '0' ) ;
         printd (n /10 ) ;
     }
}
int main ()
{    int m = 654 ;
     printd (m) ;
     printf (" \n ") ;
     return 0;
}
```

A) 456   B) 654   C) 65   D) 45

28. 设有如下函数定义
```
int fun( int k)
{    if (k < 1) return 0;
     else if(k == 1) return 1;
     else return fun(k - 1) + 1;
}
```
若执行调用语句:n = fun(3);,则函数 fun 总共被调用的次数是_____。

A) 2   B) 3   C) 4   D) 5

29. 以下程序是将输入的字符串中的字母变为小写字母。例如:输入 1A2B3C♯,输出为 1a2b3c。

要使程序正确执行,请填空。

```
♯ include < stdio. h >

_____

void main()
{    char c;
     c = getchar();
     while(c! = '♯')
     {   if(isalpha(c) )
         c = c + 32;
         putchar(c);
         c = getchar();
     }
}
```

30. 以下正确的说法是_____。

A) 用户若需调用标准库函数,调用前必须重新定义

B) 用户可以重新定义标准库函数,若如此,该函数将失去原有含义

C) 系统根本不允许用户重新定义标准库函数

D) 用户若需调用标准库函数,不必使用预编译命令,系统自动去调

31. 在一个 C 源程序文件中所定义的全局变量,其作用域为_____。

A) 由具体定义位置和 extern 说明来决定范围

B) 所在程序的全部范围

C) 所在函数的全部范围

D) 所在文件的全部范围

32. 以下叙述中不正确的是_____。

A) 在不同的函数中可以使用相同名字的变量

B) 函数中的形式参数是局部变量

C) 在一个函数内定义的变量只在本函数范围内有效

D) 在一个函数内的复合语句中定义的变量在本函数范围内有效

33. 以下叙述中错误的是_____。

A) 函数外声明的变量是全局变量

B) 函数内声明的变量是局部变量

C) 局部变量的生存期总是与主程序运行的时间相同

D) 形式参数的生存期与所在函数被调用执行的时间相同

34. 以下程序的运行结果是_____。

```c
# include < stdio. h >
int m = 13;
int fun2( int x, int y)
{
    int m = 3;
    return(x * y - m);
}
int main( )
{
    int a = 7, b = 5;
    printf("%d\n",fun2(a,b) /m);
    return 0;
}
```

A) 1　　　　　　　　B) 2　　　　　　　　C) 7　　　　　　　　D) 10

35. 以下程序运行结果是_____。

```c
# include < stdio. h >
int a = 3;
int main( )
{   int s = 0;
    {   int a = 5;   s += a ++; }
    s += a ++;
```

```
    printf("%d\n",s);
    return 0;
}
```

A) 11   B) 10   C) 7   D) 8

36. 以下程序运行结果是_____。

```
#include <stdio.h>
int w = 3;
int fun(int k)
{
    if(k == 0)
        return w;
    return(fun(k-1)*k);
}
int main()
{
    int w = 10;
    printf("%d\n",fun(5)*w);
    return 0;
}
```

A) 360   B) 3600   C) 1080   D) 1200

37. 在 C 语言中,函数的隐含存储类别是_____。

A) auto   B) static   C) extern   D) 无存储类别

38. 在 C 语言中,形参的缺省存储类是_____。

A) auto   B) register   C) static   D) extern

39. 以下程序运行结果是_____。

```
#include <stdio.h>
int fun(int x )
{   static int a = 3;
    a += x ;
    return ( a ) ;
}
int main()
{   int k = 2,m = 1,n ;
    n = fun (k) ;
    n = fun (m) ;
    printf(" %d \n ",n) ;
    return 0;
}
```

A) 3   B) 4   C) 6   D) 9

40. 以下程序的运行结果是_____。

```
#include <stdio.h>
int fun(int a);
int main()
{   int a = 2, i;
    for (i = 0; i < 3; i++)
        printf("%4d", fun(a));
    return 0;
}
int fun(int a)
{   int b = 0;
    static int c = 3;
    b++;   c++;
    return (a + b + c);
}
```

A) 7 7 7   B) 7   10   13

C) 7   9   11   D) 7   8   9

41. 以下程序的运行结果是_____。

```
#include <stdio.h>
int d = 1;
int fun(int p)
{
    static int d = 5;
    d += p;
    printf("%d  ", d);
    return(d);
}
int main( )
{
    int a = 3;
    printf("%d\n", fun(a + fun(d)));
    return 0;
}
```

A) 6 9 9   B) 6 6 9   C) 6 15 15   D) 6 6 15

42. 以下针对全局变量的叙述错误的是_____。

A) 全局变量的作用域是从定义位置开始至源文件结束

B) 全局变量是在函数外部任意位置上定义的变量

C) 用 extern 说明符可以限制全局变量的作用域

D) 全局变量的生存期贯穿于整个程序运行期间

43. 以下叙述错误的是_____。

A) 未经赋值的全局变量值不确定

B) 未经赋值的 auto 变量值不确定

C) 未经赋值的 register 变量值不确定

D) 未经赋值的静态局部变量值为 0

44. 以下程序的运行结果是_____。

```
# include < stdio.h >
void num()
{
    extern int x,y;
    int a = 15,b = 10;
    x = a - b;
    y = a + b;
}
int x,y;
int main()
{
    int a = 7,b = 5;
    x = a - b;
    y = a + b;
    num();
    printf(" % d, % d\n",x,y);
    return 0;
}
```

A) 12,2　　　　　　　B) 5,25　　　　　　　C) 1,12　　　　　　　D) 输出不确定

45. 在一个 C 语言工程中包含两个源文件 f1.c 和 f2.c,文件内容如下,程序运行结果是_____。

源程序文件 f1.c

```
# include < stdio.h >
int A = 2;
int main()
{   int power(int);
    int d, m = 3;
    d = power(m);
    printf(" % d^% d = % d\n",A,m,d);
    return 0;
}
```

源程序文件 f2.c

```
extern A;
```

```
int power(int n)
{   int i,y = 1;
    for(i = 1;i <= n;i++)
      y = y * A;
    return(y);
}
```

46. 下列叙述中正确的是_____。

A) C语言中的外部函数只能在本文件内使用,不可被其他源文件调用

B) C语言中的内部函数可以嵌套定义

C) C语言中可以用 static 来定义外部函数

D) C语言中的函数默认都是外部函数

第6章 编译预处理

一、本章知识点

1. 不带参数的宏定义
2. 带参数的宏定义
3. "文件包含"处理
*4. 条件编译

二、例题、答案和解析

知识点 1：不带参数的宏定义

【题目 1】以下程序的输出结果是_____。

```
#define P 3
#define Q P+P
int main( )
{    int n;
    n = Q * 5;
    printf(" % d\n",n);
    return 0;
}
```

【答案】18

【解析】不带参数的宏代换是在编译之前用宏体字符串替换程序中出现的宏名,不做语法检查、不做任何计算。注意要全部替换完再计算,切记:不可以一边替换一边计算,也不可给表达式加括号。本题先将语句 n = Q * 5;中的 Q 替换为 P+P,语句为 k = P + P * 5;再将其中的 P 替换为 3,语句为 k = 3 + 3 * 5;答案为 18。

【题目 2】以下程序的输出是_____。

```
#include < stdio. h >
int main ()
{    printf ("% d", NULL) ;
    return 0;
}
```

A) 0   B) '\0'   C) 1   D) 无定义

【答案】A

【解析】NULL 是系统定义的宏,在头文件 stdio. h 中有宏定义语句 #define NULL 0。

知识点 2：带参数的宏定义

【题目 1】以下程序的运行结果是_____。

```
#include <stdio.h>
#define S(n) 5 * (n) * n + 1
int main()
{   int x = 6, y = 2;
    printf("%d\n",S(x + y));
    return 0;
}
```

A) 45   B) 243   C) 321   D) 360

【答案】243

【解析】带参数的宏定义,其代换过程是将宏名和参数替换为宏体,包含参数替换。代换同样是层层替换、非参数字符保留,仅做字符串替换,没有任何计算。本题中 S(x + y) 替换为 5 * (x + y) * x + y + 1。

知识点 3:文件包含

【题目】下面程序由两个源程序文件:x.h 和 y.c 组成 ,程序编译运行的结果是_____。

x.h 的源程序为:

```
#define N 10
#define f2(x)   (x * N)
```

y.c 的源程序为 :

```
#include <stdio.h>
#define M 8
#define f(x) ((x) * M)
#include "x.h"
int main( )
{   int i,j;
    i = f(1 + 1);
    j = f2(1 + 1);
    printf("%d   %d\n",i,j);
    return 0;
}
```

【答案】16   11

【解析】本题经过文件包含预处理后的程序为:

```
#include <stdio.h>
#define M 8
#define f(x) ((x) * M)
#define N 10
#define f2(x)   (x * N)
int main( )
{   int i,j;
```

```
        i = f(1 + 1);
        j = f2(1 + 1);
        printf(" % d   % d\n",i,j);
        return 0;
    }
```

程序的运行结果为 16   11。

* 知识点 4:条件编译

【题目 1】请读程序:

```
#define LETTER 0
#include < stdio. h >
int main()
{
    char str[20] = "C Language",c;
    int i;
    i = 0;
    while((c = str[i])! = '\0')
    {
        i++ ;
        #if LETTER
            if(c > = 'a'&&c < = 'z')
                c = c - 32;
        #else
            if(c > = 'A'&&c < = 'Z')
                c = c + 32;
        #endif
        printf(" % c",c);
    }
    return 0;
}
```

以上程序的运行结果是_____。

A) C Language   B) c language   C) C LANGUAGE   D) c lANGUAGE

【答案】B

【解析】条件编译是通过条件判断来选择性的进行替换的过程,本题中 LETTER 定义为 0,因此条件编译时 #if LETTER 为假,用 #else 后的语句进行替换,所以程序实现的功能是将大写字母转换为小写,故答案为 B。

三、练习题及答案

1. 编译预处理包括_____。

A) 文件包含,宏定义和条件编译　　　　B) 构造工程文件

C) 语句注释　　　　　　　　　　　　　D) 编译源程序

2. 预处理命令可能具有如下特点。

① 均以"#"开头　　　　　　　　　　② 必在程序开头

③ 后面不加分号　　　　　　　　　　④ 在真正编译前处理

预处理命令具有的特点为_____。

A) ①、②　　　　　　　　　　　　　B) ①、③、④

C) ①、③　　　　　　　　　　　　　D) ①、②、③、④

3. 以下叙述中正确的是_____。

A) 在程序的一行上可以出现多个有效的预处理命令行

B) 使用带参的宏时,参数的类型应与宏定义时的一致

C) 宏替换不占用运行时间,只占编译时间

D) 在下面定义中 C R 是称为"宏名"的标识符:#define C R 045

4. 有宏定义:

#define NUM　15

define DNUM　NUM + NUM

则表达式 DNUM /2 + NUM ∗ 2 的值为_____。

A) 45　　　　　　B) 67　　　　　　C) 52　　　　　　D) 90

5. 在宏定义#define PI 3.14159 中,用宏名 PI 代替一个_____。

A) 常量　　　　　B) 单精度数　　　　C) 双精度数　　　D) 字符串

6. 若有宏定义如下:

#define X 5

#define Y X + 1

#define Z Y ∗ X /2

则执行以下 printf 语句后,输出结果是_____。

int a; a = Y;

printf("%d",Z);

A) 7　　　　　　B) 12　　　　　　C) 11　　　　　　D) 8

7. 以下程序的运行结果是_____。

```
#include <stdio.h>
#define SQR(X)   X ∗ X
int main()
{   int a = 10, k = 2, m = 1 ;
    a /= SQR(k + m) /SQR(k + m) ;
    printf ("%d\n" , a) ;
    return 0;
}
```

8. 以下程序的运行结果是_____。

```
#include <stdio.h>
```

```
#define SUB(a)  (a) - (a)
int main()
{   int a = 2,b = 3,c = 5,d ;
    d = SUB(a + b) * c;
    printf ("%d\n",d) ;
    return 0;
}
```

9. 以下程序的运行结果是_____。

```
#include < stdio.h >
#define MIN(x,y) (x)<(y)?(x):(y)
int main()
{
    int i = 10,j = 15,k;
    k = 10 * MIN(i,j);
    printf("%d\n",k);
    return 0;
}
```

A) 10　　　　　　　B) 15　　　　　　　C) 100　　　　　　D) 150

10. 若有以下宏定义如下：

```
#define N 2
#define Y(n) ((N+1) * n)
```

则执行语句 z = 2 * (N + Y(5));后的结果是_____。

A) 语句有错误　　　B) z = 34　　　　　C) z = 70　　　　　D) z 无定值

11. 系统库函数在使用时,要用到_____命令。

A) #include　　　B) #define　　　　C) #if　　　　　D) #else

12. 在"文件包含"预处理语句的使用形式中,当 #include 后面的文件名用" "(双引号)括起时,寻找被包含文件的方式是_____。

A) 直接按系统设定的标准方式搜索目录

B) 先在源程序所在目录搜索,再按系统设定的标准方式搜索

C) 仅仅搜索源程序所在目录

D) 仅仅搜索当前目录

13. 在"文件包含"预处理语句的使用形式中,当 #include 后面的文件名用< >(尖括号)括起时,寻找被包含文件的方式是_____。

A) 仅仅搜索当前目录

B) 仅仅搜索源程序所在目录

C) 直接按系统设定的标准方式搜索目录

D) 先在源程序所在目录搜索,再按系统设定的标准方式搜索

*14. C语言提供的预处理功能包括条件编译,其基本形式为:

#XXX 标记符

　　　　程序段 1
♯else
　　　　程序段 2
♯endif
这里 XXX 可以是_____。
A) define 或 include

B) ifdef 或 include

C) ifdef 或 ifndef 或 define

D) ifdef 或 ifndef 或 if

第7章 数 组

一、本章知识点

1. 一维数组的定义及使用
2. 一维数组作函数参数
3. 二维数组的定义
4. 二维数组用作函数参数
5. 字符数组的定义和初始化
6. 字符数组的使用
7. 符串和字符串结束标志
8. 字符串的整体输入与输出
9. 字符串处理函数

二、例题、答案和解析

知识点 1：一维数组的定义及使用

【题目】若有说明 int a[8] = {1,2,3,4,5,6,7,8}，则对元素的非法引用是_____。

A) a[0]　　　　　　B) a[9－6]　　　　　C) a[4＊2]　　　　　D) a[2＊3]

【答案】C

【解析】一维数组元素下标是整型表达式。数组元素的下标引用从 0 开始。本题对元素的非法引用是 C）。因为 a 数组有 a[0]、a[1]、…、a[7]这 8 个数组元素，不存在 a[8]数组元素，引用错误。

知识点 2：一维数组作函数参数

【题目】以下程序的运行结果是_____。

```c
#include <stdio.h>
int fun(int b[] , int n )
{    int i,r = 1;
     for(i = 0;i <= n;i++)
         r = r * b[i] ;
     return r ;
}
int main()
{    int x,a[] = {2,3,4,5,6,7,8,9} ;
     x = fun(a,3);
     printf ("%d \n",x );
     return 0;
```

}

【答案】120

【解析】数组名作为函数的实参，传递的是数组在内存的首地址，在被调函数中可以对数组的空间进行读或写。fun 函数中形参 b 是一个整型指针变量，通过参数传递得到实参 a 数组的首地址，即 b 指向 a[0]元素。在 fun 函数中通过指针 b 间接访问主函数的 a 数组，对前 4 个元素进行累乘。

知识点 3：二维数组的定义

【题目】以下正确的数组定义语句是_____。

A) int a[1][4] = {1,2,3,4,5};

B) float a[3][] = {{1},{2},{3}};

C) long a[2][3] = {{1},{1,2},{1,2,3}};

D) double a[ ][3] = {0};

【答案】D

【解析】二维数组 a[m][n]在定义时，表明 a 数组有 m 行 n 列个数组元素。在引用数组元素时，行下标与列下标均从 0 开始。二维数组的初始化，可以按行部分赋值，若给出部分初值，则未赋值的数组元素自动为 0。注意，初始化时，初值个数不可超出数组定义时指定的个数，维数不可为变量，第二维不可空缺。A 选项初值有 5 个，而定义的数组元素个数应该是 4 个。B 选项错在第二维下标为空。C 选项数组应该为 2 行 3 列，但却初始化了 3 行，超出数组定义的行数。D 选项定义的数组为 1 行 3 列，并将 a[0][0]元素的初值赋为 0，其余元素编译器自动初值化为 0 值。

知识点 4：二维数组用作函数参数

【题目】以下程序的运行结果是_____。

```
#include <stdio.h>
int sum(int a[ ][4])
{   int i, j, s = 0;
    for(i = 0; i < 4; i++)
      for(j = 0; j < 4; j++)
        if(i == 0||i == 3||j == 0||j == 3)
            s += a[i][j];
    return(s);
}
int main( )
{    int a[4][4] = {1,2,3,4,5,6,7,8,9,10,11,12,13,14,15,16};
     printf("sum = %d", sum(a));
     return 0;
}
```

【答案】sum = 102

【解析】同一维数组一样，数组名作为函数的实参，传递的是数组在内存的首地址。形参二维数组 a 得到实参二维数组 a 的首地址,形参二维数组 a 与主函数中二维数组 a 是同一数组。sum 函数的功能是求二维数组周边元素之和。

知识点 5:字符数组的定义和初始化

【题目】以下选项中,合法的是_____。

A) char str3[ ] = {'d', 'e', 'b', 'u', 'g', '\0'};

B) char str4;　str4 = "hello world";

C) char name[10];　name = "china";

D) char str1[5] = "pass",str2[6];　str2 = str1;

【答案】A

【解析】A 选项定义了字符数组,系统根据初值给 str3 分配了 6 个字节的存储空间,并将字符串"debug"存入该数组。B 选项错在将一个字符串赋值给 1 个字节的字符变量 str4。C 选项中的数组名 name 是数组在内存的首地址,是常量,不能被赋值为"china"。D 选项的错误理由与 C 选项相同,给地址常量 str2 赋值是不允许的。

知识点 6:字符数组的使用

【题目 1】有以下程序(说明:字母 A 的 ASCII 码值是 65)

```
#include < stdio. h>
void fun(char s[ ],int n)
{   int i = 0;
    for(i = 0;i < n;i++ )
     if(s[i]%2)  printf(" %c",s[i]);
}
int main( )
{     char a[4] = {'B', 'Y', 'T', 'E'};
      fun(a,4);
      return 0;
}
```

程序运行后的输出结果是_____。

A) BY　　　　　　　B) BT　　　　　　　C) YE　　　　　　　D) YT

【答案】C

【解析】fun 函数中的 s 数组与主函数中的 a 数组是同一数组,if(s[i]%2)其中的条件若为真,表示 s[i]即字符的 ASCII 码为奇数,因此函数 fun 的功能是输出 ASCII 码为奇数的数组元素。

【题目 2】以下程序可把输入的 10 进制数以 16 进制数的形式输出,请填空。

```
#include < stdio. h>
int main()
{   char b[] = {"0123456789ABCDEF"};
    int c[20],n,i = 0,d;
    printf("输入 10 进制整数:");
```

```
scanf("%d", &n);
do
  { c[i] =       (1)       ; i++; n = n /16; }
while(n! = 0);
printf("转换后的 16 进制数为:");
for( -- i; i > = 0; i-- )
  {d = c[i]; printf("%c",_____(2)_____); }
printf("\n");
return 0;
}
```

【答案】(1) n%16 (2) b[d]

【解析】程序中,字符数组 b 存储 16 进制的 16 个数字符,整型数组 c 存储译出的 16 进制数的各位数值。从整数 n 译出它的各位 16 进制数值,需采用除 16 取余的方法,即求 n 除 16 的余。得到它的 16 进制的个位数,接着将 n 除以 16。在 n 不等于 0 的情况下循环,能顺序求出 n 的 16 进制的个位数、十位数、百位数等等,在第一个空处可填代码 n%16。当 n 的 16 进制数的个位、十位、百位等数字依次存放于数组 c 中后,就从最高位至最低位,参照数组 c 的内容 d(以其内容为下标),取 16 进制数字符表中的字符 b[d]输出。所以在第二个空框处可填入代码 b[d]。

知识点 7:字符串和字符串结束标志

【题目 1】有以下定义:

char a[ ] = "abcdefg";

char b[ ] = {'a', 'b', 'c', 'd', 'e', 'f', 'g'};

则正确的叙述是_____。

A) 数组 a 和数组 b 等价   B) 数组 a 和数组 b 的长度相同

C) 数组 a 的长度大于数组 b 的长度   D) 数组 a 的长度小于数组 b 的长度

【答案】C

【解析】a 是字符数组,初始化为字符串,系统自动加上字符串的结束标志 '\0',系统分配 8 个字节的空间;b 是字符数组,系统分配 7 个字节的空间。所以答案为 C。

【题目 2】以下程序的运行结果是_____。

```
#include < stdio. h>
int main( )
{    char s[ ] = "012xy\061\08s34f4w2";
    int i,n = 0;
    for(i = 0;s[i]! = 0;i++)
        if(s[i]> = '0'&&s[i]< = '9')
            n++;
    printf("%d\n",n);
    return 0;
}
```

A) 0   B) 4   C) 7   D) 9

【答案】B

【解析】程序的功能是统计字符串中数字字符的个数。字符串的结束标志 '\0' 的值为 0,for 语句的条件判断是 s[i]! = 0,所以扫描字符串是从数组的第一个元素开始直到 '\0' 结束。在字符串"012xy\061\08s34f4w2"中,\061 是转义字符的八进制形式\ddd,\061 的 ASCII 是 49,是字符 '1',其后\08 是两个字符,因为八进制数的每一位只能是 0 到 7,所以\08 是 '\0' 和 '8' 两个字符,而遇到此 '\0',循环即结束。循环中满足 if 语句条件的字符有 '0'、'1'、'2' 和 '\061',所以统计结果为 4。

知识点 8:字符串的整体输入与输出

【题目】有以下程序段

```c
char name[20];
int num;
scanf("name = % s num = % d",name, &num);
printf(" % s",name;);
```

当执行上述程序段,并从键盘输入 <u>name = Lili num = 1001 <回车></u> 后,输出为 _____。

A) Lili   B) name = Lili

C) Lili num =   D) name = Lili num = 1001

【答案】A

【解析】字符串可以整体输入,系统将输入的字符串存放到以字符数组名为首地址开始的存储空间。scanf 语句的格式控制字符串中 name = 和 num = 是非格式控制字符,输入时要原样输入,但程序不会把它们作为变量的值,程序读入的变量值为是 Lili 和 1001。name 是字符数组的首地址,在 scanf 语句中不必加取址符 &。

知识点 9:字符串处理函数

【题目】以下程序的运行结果是 _____。

```c
# include < stdio. h >
# include < string. h >
int main()
{   char str[ ] = {"Hello,Beijing"};
    printf(" % d, % d\n", strlen(str),sizeof(str));
    return 0;
}
```

A) 13,13   B) 13,14   C) 13,15   D) 14,15

【答案】B

【解析】strlen 系统库函数是求字符串的长度,sizeof 是求字符串在内存所占的字节数。字符串长度不包含\0。字符串的存储空间包含\0。

三、练习题及答案

1. 若有定义语句:char str[ ] = "0";,则字符串 str 在内存中实际占 _____ 字节。
2. 若有定义语句:char s[ ] = "\\141\141abc\t";,则字符串的长度是 _____。

3. 下列定义及初始化一维数组的语句中,正确的是_____。

A) int a[8] = { };

B) int a[9] = {0,7,0,4,8};

C) int a[5] = {9,5,7,4,0,2};

D) int a[7] = 7 * 6;

4. 假定一个 int 类型变量占用四个字节,若有定义:

int a[10] = {0,2,4};,则数组 a 在内存中所占字节数是_____。

A) 3   B) 10   C) 12   D) 40

5. 以下叙述中错误的是_____。

A) 同一个数组中所有元素的类型相同

B) 不可以跳过前面的数组元素,给后面的元素赋初值

C) 定义语句:int a[10] = {0};,给 a 数组中所有元素赋初值 0

D) 若有定义语句:int a[4] = {1,2,3,4,5};,编译时将忽略多余的初值

6. 以下程序的输出结果是_____。

```c
#include < stdio.h >
int main()
{    int i,k,a[10],p[3];
    k = 5;
    for(i = 0;i < 10;i++) a[i] = i;
    for(i = 0;i < 3;i++) p[i] = a[i * (i + 1)];
    for(i = 0;i < 3;i++) k += p[i] * 2;
    printf("%d\n",k);
    return 0;
}
```

A) 20   B) 21   C) 22   D) 23

7. 以下程序的运行结果是_____。

```c
#include < stdio.h >
int main()
{    int a[3][3] = {{1},{2},{3}};
    int b[3][3] = {1,2,3};
    printf("%d",a[1][0] + b[0][0]);
    printf("%d\n",a[0][1] + b[1][0]);
    return 0;
}
```

A) 00   B) 23   C) 30   D) 12

8. 以下程序的运行结果是_____。

```c
#include < stdio.h >
int fun(int b[][3])
{    int i,j,t = 0;
    for(i = 0;i < 3;i++)
        for(j = i;j <= i;j++)
```

```
        t += b[i][b[j][i]];
    return t;
}
int main()
{     int b[3][3] = {0,1,2,0,1,2,0,1,2};
      printf("%d",fun(b));
      return 0;
}
```

A) 3   B) 4   C) 1   D) 9

9. 以下程序的输出结果是_____。

```
#include <stdio.h>
int main()
{   char a[2][5] = {"6937","8254"};
    int i,j,s = 0;
    for(i = 0;i < 2;i++)
        for(j = 0;a[i][j] > '0'&&a[i][j] <= '9';j += 2)
            s = 10 * s + a[i][j] - '0';
    printf("s = %d\n",s);
    return 0;
}
```

A) 69825   B) 6385   C) 63825   D) 693825

10. 不能正确为字符数组输入数据的是_____。

A) char s[5]; scanf("%s",&s);   B) char s[5]; scanf("%s",s);

C) char s[5]; scanf("%s",&s[0]);   D) char s[5]; gets(s);

11. 若有 char a[80],b[80];则正确的是_____。

A) puts(a,b);   B) printf("%s,%s"a[ ],b[ ]);

C) putchar(a,b);   D) puts(a);puts(b);

12. 以下程序的运行结果是_____。

```
#include <stdio.h>
int main( )
{   char ch[3][5] = {"AAAA","BBB","CC"};
    printf ("%s\n",ch[1]);
    return 0;
}
```

A) AAAA   B) CC   C) BBBCC   D) BBB

13. 以下程序的输出结果是_____。

```
#include <stdio.h>
int main()
{   char a[5][10] = {"one","two","three","four","five"};
```

```
        int i,j;
        char t;
        for(i = 0;i < 4;i++ )
            for(j = i+1;j < 5;j++ )
                if(a[i][0]> a[j][0])
                {   t = a[i][0];
                    a[i][0] = a[j][0];
                    a[j][0] = t;
                }
        puts(a[1]);
        return 0;
}
```

A) two　　　　　　　　B) fix　　　　　　　C) fwo　　　　　　　D) owo

14. 以下程序的输出结果是_____。

```
#include  < stdio.h >
#include  < string.h >
int main()
{   char p1[80] = "NanJing",p2[20] = "Young", * p3 = "Olympic";
    strcpy(p1,strcat(p2,p3));
    printf(" % s\n",p1);
    return 0;
}
```

A) NanJingYoungOlympic　　　　　　B) YoungOlympic

C) Olympic　　　　　　　　　　　　D) NanJing

15. 合法的数组定义是_____。

A) int a[6] = {"string"};　　　　　　B) int a[5] = {0,1,2,3,4,5};

C) char a = {"string"};　　　　　　D) char a[ ] = {0,1,2,3,4,5};

16. 下述对 C 语言字符数组的描述中错误的是_____。

A) 字符数组可以存放字符串

B) 字符数组中的字符串可以整体输入、输出

C) 可以在赋值语句中通过赋值运算符"="对字符数组整体赋值

D) 不可以用关系运算符对字符数组中的字符串进行比较

17. 以下程序的运行结果是_____。

```
#include < stdio.h >
int main()
{   int arr[10] , i , k = 0 ;
    for (i = 0 ; i < 10 ; i++)   arr[i] = i ;
    for (i = 1 ; i < 4 ; i++)   k += arr[i] + i ;
    printf(" % d\n" , k) ;
```

```
        return 0;
    }
```

18. 以下程序的输出结果是_____。

```
#include <stdio.h>
int main()
{   int i = 0, j = 0, k = 0, a[3] = {5, 9, 19}, b[5] = {12, 24, 26, 37, 48}, c[10];
    while(i < 3 && j < 5)
        if(a[i] > b[j])
            { c[k] = b[j]; k++; j++; }
        else
            { c[k] = a[i]; k++; i++; }
    while(i < 3)
        {  c[k] = a[i]; k++; i++; }
    while(j < 5)
        {  c[k] = b[j]; k++; j++; }
    for(i = 0; i < k; i++)
        printf("%4d", c[i]);
    return 0;
}
```

19. 以下程序的运行结果是_____。

```
#include <stdio.h>
void fun(int a[], int n)
{   int i, j, t;
    i = 0, j = n - 1;
    while(i < j)
    {   t = a[i];  a[i] = a[j];  a[j] = t;
        i++;   j--;
    }
}
int main()
{   int i, k, a[10] = {1, 2, 3, 4, 5, 6, 7, 8, 9, 10};
    fun(a, 10);
    for(i = 0; i < 10; i++)
        printf("%d ", a[i]);
    return 0;
}
```

20. 以下程序的运行结果是_____。

```
#include <stdio.h>
int fun(int a[], int n)
```

```
{   int i, num = 0;
    for(i = 0; i < n; i++)
        num = num * 10 + a[i];
    return(num);
}
int main()
{   int i, a[5] = {4,2,8}, num;
    num = fun(a, 4);
    printf("%d", num);
    return 0;
}
```

21. 以下程序的运行结果是_____。

```
#include < stdio.h>
int main()
{   int i, x[3][3] = {1,2,3,4,5,6,7,8,9};
    for(i = 0; i < 3; i++)
        printf("%d", x[i][2 - i]);
    return 0;
}
```

22. 以下程序的运行结果是_____。

```
#include < stdio.h>
#define N 4
void fun(int a[ ][N], int b[ ])
{   int i;
    for (i = 0; i < N; i++)
        b[i] = a[i][i] - a[i][N - 1 - i];
}
int main()
{   int x[N][N] = {{1,2,3,4},{5,6,7,8},{9,10,11,12},{13,14,15,16}};
    int y[N], i;
    fun(x, y);
    for (i = 0; i < N; i++)
        printf("%d  ", y[i]);
    return 0;
}
```

23. 以下程序的输出结果是_____。
函数 invert 将 str 数组的内容颠倒过来。

```
#include <stdio.h>
void invert(char str[], int n)
```

```
{    int i,k;
     for (i = 0; i < n /2; i++ )
     {    k = str[i];
          str[i] = str[n-1-i] ;
          str[n-1-i] = k ;
     }
}
int main( )
{    char a[5] = {'A','B','C','D','E'};
     int i;
          invert(a,5);
     for(i = 0;i < 5;i++)
          printf(" % c",a[i]);
     printf("\n");
     return 0;
}
```

24. 以下程序的输出结果是_____。

```
# include < stdio. h >
# include < ctype. h >
# include < string. h >
void fun (char str[ ])
{    int i , j ;
     for (i = 0,j = 0;str[i];i++)
          if (isalpha(str[i]))
               str[j ++ ] = str[i] ;
     str[j] = '\0' ;
}
int main()
{    char ss[80] = "It is book !" ;
     fun(ss) ;
     printf(" % s\n",ss) ;
     return 0;
}
```

备注:程序中 isalpha()函数的功能是检查代入的字符是否为字母,是字母返回非零整数值,否则返回 0。

25. 有以下程序

```
# include < stdio. h >
# include < string. h >
int main()
```

```
{   char a[10] = "abc",b[10] = "012",c[10] = "xyz";
    strcpy(a + 1,b + 2);
    puts(strcat(a,c + 1));
    retrun 0;
}
```

程序运行后的输出结果是_____。

A) a12cyz   B) 12yz   C) a2yz   D) bc2yz

26. 以下程序的功能:删除字符串中所有的 'C' 字符。填空使程序正确。

```
# include < stdio. h >
int main( )
{   int j,k;   char a[80];
    gets(a);
    for(j = k = 0;a[j]! = '\0';j ++ )
        if(a[j]! = 'c'&&a[j]! = 'C')
            _____(1)_____;
        _____(2)_____;
    printf(" % s\n",a);
    return 0;
}
```

27. 以下程序的功能:输入 4 个字符串,存入数组 a,找出每个字符串中的最大字符,并依次存入一维数组 b 中,然后输出一维数组 b。填空使程序正确。

```
# include < stdio. h >
int main( )
{   int i,k;
    char a[4][80],b[4];
    for ( i = 0; i < 4; i ++ )
        gets(a[i]);
    for ( i = 0; i < 4; i ++ )
    {   _____(1)_____;
        for ( k = 1; a[i][k]! = '\0'; k ++ )
        if (____(2)_____ )
            b[i] = a[i][k];
    }
    for ( i = 0; i < 4; i ++ )
        printf(" % d   % c\n",i,b[i]);
    return 0;
}
```

28. 以下程序的功能:输入一个正整数 n(1 < n≤10),再输入 n 个整数,用选择法将它们从小到大排序后输出。填空使程序正确。

```
#include <stdio.h>
int main()
{   int i, index, k, n, temp, a[10];
    printf("Enter n:");
    scanf("%d", &n);
    printf("Enter %d integers: ", n);
    for(i = 0; i < n; i++)
        scanf("%d", &a[i]);
    for(k = 0; k < n-1; k++)      /* 对n个数排序 */
    {   index = k;
        for(_____(1)_____   )
            if( a[i] < a[index] )   index = i;
        if(index! = k)
          {_____(2)_____}
    }
    printf("After sorted: ");
    for(i = 0; i < n; i++)         /* 输出n个数组元素的值 */
        printf("%d", a[i]);
    return 0;
}
```

29. 以下函数的功能是利用折半法,在长度为 n 个元素的升序数组 a 中查找数值 x,如果找到则返回该数值的顺序号(1～n),如果没找到则返回数值 0。填空使程序正确。

```
int bi_search(int a[], int x, int n)
{   int low = 0, mid, up = n-1;
    while (low <= up)
    {   mid = (low + up) /2;
        if(x == a[mid])
            return mid + 1;
        else if(x < a[mid])
            _____(1)_____;
        else
            _____(2)_____;
    }
    return 0;
}
```

30. 下面程序的功能是:将一个整数字符串转换为一个整数,例如将字符串"-34567"转换为数值-34567。请填空使程序正确。

```
#include <stdio.h>
#include <string.h>
```

```
int chnum( char * p )
{   int num = 0 , k ;
     for( ;      (1)      ; p++ )
      {   k =      (2)      ;
           num = num * 10 + k ;
      }
     return ( num );
}
int main( )
{     char s[10]; int n ;
      gets( s );     /* 输入数字字符串 * /
      if( * s == '-' )
           n = - chnum( s + 1 ) ;
      else n = chnum( s ) ;
           printf( "%d\n" , n ) ;
      retrun 0;
}
```

第8章　结构体、共用体和枚举类型

一、本章知识点

1. 结构体类型的定义
2. 结构体类型变量的定义
3. 结构体类型变量及其成员的引用
4. 结构体数组
*5. 共用体类型及其变量的定义
*6. 共用体类型变量的引用
*7. 共用体数据类型的特点
8. 枚举类型及变量的定义与使用
*9. 用 typedef 定义类型

二、例题、答案和解析

知识点 1: 结构体类型的定义

【题目 1】如果定义以下结构体类型

```
struct   s
{    short   a;
     char   b;
     float   f;
};
```

则 sizeof(struct s)结果为_____。

A) 3　　　　　　　B) 7　　　　　　　C) 6　　　　　　　D) 4

【答案】B

【解析】结构体类型是将具有相互联系的一组数据项组成一个有机的整体。一个结构体类型的变量在内存所占的存储空间是各成员之和。本题在概念上计算结果为 7,在不同的编译环境下实际分配的空间可能会有所不同。

【题目 2】以下结构体类型的定义是否正确?

```
struct student
{    int no ;
     char name[20] ;
     struct date
     {    int month ;
          int day ;
          int year ;
```

```
    }birthday ;
    unsigned sex ;
    float score ;
};
```

【答案】正确

【解析】结构体类型可以嵌套定义。

知识点 2：结构体类型变量的定义

【题目】下面结构体的定义语句中，错误的是_____。

A) struct ord { int x; int y; int z; }struct ord a;

B) struct { int x; int y; int z; } a;

C) struct ord { int x; int y; int z; } a;

D) struct ord { int x; int y; int z; };struct ord a;

【答案】A

【解析】B 和 C 选项都是在定义结构体类型的同时定义结构体变量，其中 B 选项缺省结构体名，均正确。D 选项在结构体定义完毕，再定义结构体变量，也正确。A 选项中的第 2 个 struct ord 多余。

知识点 3：结构体类型变量及其成员的引用

【题目 1】设有定义 struct {char mark[12]; int num1; double num2;} t1,t2;,若变量均已正确赋初值，则以下语句中错误的是_____。

A) t1 = t2;   B) t2.num1 = t1.num1;

C) t2.mark = t1.mark;   D) t2.num2 = t1.num2;

【答案】C

【解析】结构体变量成员的引用形式：结构体变量名.成员名。结构体变量各成员进行何种运算，由其数据类型决定。相同结构体类型的结构体变量可以直接相互赋值。本题中定义的 t1,t2 是相同类型的结构体变量，可以相互赋值，A 选项正确。成员 num1 和 num2 为 int 型量，也可以做相互赋值操作，所以选项 B 和 C 均正确。而数据成员 mark 是字符数组，只能使用库函数 strcpy 实现赋值，C 选项错误，正确应为 strcpy(t2.mark,t1.mark)。

【题目 2】设有定义"struct {int a; float b; char c;} abc, * p = &abc;",则对结构体成员 a 的引用方法可以是 _____ a 和 _____ a。

【答案】abc.   p->

【解析】若有结构变量 abc 有成员 a，并有指针 p 指向结构变量 abc，则引用变量 abc 成员 a 的标记形式有 abc.a 和 p->a 两种方法。

知识点 4：结构体数组

【题目】定义以下结构体数组

```
struct date { int year; int month; int day; };
struct s
{   struct date birthday;
    char name[20];
```

```
} x[4] = {{2008, 10, 1, "guangzhou"}, {2009, 12, 25, "Tianjin"}};
```
语句 printf("%s,%d",x[0].name,x[1].birthday.year);
的输出结果为_____。

A) guangzhou,2009　　　　　　　B) guangzhou,2008

C) Tianjin,2008　　　　　　　　D) Tianjin,2009

【答案】A

【解析】结构体成员可以是另一个结构体变量。使用时只可以引用最低一级成员,内嵌结构体成员的引用,是逐层使用成员名定位的。本题在定义 struct s 类型时同时了结构体数组 x,x 数组的每一数组元素都是同类型的结构体变量,所以 x[1].birthday.year 表明的是第二个数组元素的生日年份 2009。x[0].name 表明是第一个数组元素的姓名"guangzhou"。运行结果为 A。

＊知识点5:共用体类型及其变量的定义

【题目】以下程序的运行结果是_____。

```
#include <stdio.h>
int main()
{    union aa { float x, y; char c[6]; };
     struct st
     {    union aa v;
          float b[5];
          double ave;
     }w;
     printf("%d,%d,",sizeof(w.v),sizeof(w.b));
     printf("%d,%d",sizeof(w.ave),sizeof(w));
     retrun 0;
}
```

【答案】在 VS2010 环境的运行结果:8,20,8,40

【解析】共用体类型及其变量的定义与结构体类型及其变量的定义类似。本题定义了 union aa 共用体类型和 struct st 结构体类型。sizeof 返回的是类型或变量在内存所点的字节数。结构体变量在内存中所占的字节数是其各成员之和,共用体变量在内存中所占的字节数是最长的成员长度。不同编译器的结果有可能不相同,与理论上的计算结果有区别。因为 VS2010 编译器还有一规则,要求结构体的各成员在内存按行对齐,所以结果为 8,20,8,40。具体对齐规则本书不要求,不在此赘述。

＊知识点6:共用体类型变量的引用

【题目】若有以下定义和语句

union data { int i;char c; float f; }x;

则以下语句正确的是_____。

A) x = 105;　　　　　　　　　　B) x.c = 101

C) y = x;　　　　　　　　　　　D) printf("%d\n",x);

【答案】B

【解析】共用体变量成员的引用形式:共用体变量名.成员名。所以 B 正确。

＊知识点 7:共用体数据类型的特点

【题目】以下程序的运行结果是_____。

```
#include <stdio.h>
int main()
{   union { char i[2];int k;}stu;
    stu.i[0] = '2';
    stu.k = 0;
    printf("%s %d",stu.i,stu.k);
    retrun 0;
}
```

【答案】0

【解析】共用体数据类型的特点:当为一个共用体成员赋值时,其他成员的值就会被覆盖掉。共用体变量 stu 在内存占 4 个字节,它的两个成员 char i[2]和 int k 在内存的起始地址相同。执行 stu.i[0] = '2';,给变量的第 1 个字节赋了 '2' 的 ASCII 码,执行 stu.k = 0;,给变量的 4 个字节赋值 0,覆盖了前面所赋第 1 个字节的内容,所以 stu.i 第 1 个字节的值为 0,表示空串,无输出。

知识点 8:枚举类型的定义与使用

【题目】设有如下枚举类型定义:

enum language {Basic = 3, Assembly = 6, Ada = 100, COBOL, Fortran}; 则枚举常量 Fortran 的值是_____。

A) 4　　　　　　　B) 7　　　　　　　C) 102　　　　　　　D) 103

【答案】C

【解析】C 语言将枚举常量的值处理为整型量,编译器按定义时的顺序将枚举常量的默认值设为 0、1、2、3…。在定义枚举类型时,可以指定枚举常量的值,其余没有指定值的枚举常量的值是其前一个加 1。本题枚举常量 Ada＝100,所以枚举常量 COBOL 值为 101、Fortran 值为 102,答案选 C。

＊知识点 9:用 typedef 定义类型

【题目 1】若有说明:typedef struct { int a; char c;} W;则以下叙述正确的是_____。

A) 编译后系统为 W 分配 5 个字节

B) 编译后系统为 W 分配 6 个字节

C) 编译后系统为 W 分配 8 个字节

D) 编译后系统不为 W 分配存储空间

【答案】D

【解析】本题中 W 是数据类型,类型是抽象的概念,没有存储空间。

【题目 2】对以下定义,叙述中正确的是_____。

typedef int num[12];

num stud ;

A) num 是自定义类型名,stud 是整型变量

B) num 是自定义类型名,stud 是整型数组名

C) num 是整型数组名,stud 整型变量

D) num 是整型数组名,stud 是整型数组名

【答案】B

【解析】typedef int num[12];定义了类型名 num,num stud ;等价于 int stud[12];。

三、练习题及答案

1. 当定义一个结构体变量时,系统为它分配的内存空间是_____。

A) 结构体中一个成员所需的内存容量

B) 结构体中第一个成员所需的内存容量

C) 结构体成员中占用内存容量最大者所需的容量

D) 结构体中各成员所需内存容量之和

2. 有以下定义

struct data

{ int i; char c; double d; } x;

以下叙述中错误的是_____。

A) x 的内存地址与 x.i 的内存地址相同

B) struct data 是一个类型名

C) 初始化时,可以对 x 的所有成员同时赋初值

D) 成员 i、c 和 d 占用的是同一个存储空间

3. 以下程序的运行结果是_____。

```c
#include <stdio.h>
struct S{ int n; int a[20];};
void f(int a[],int n)
{    int i;
     for(i=0;i<n-1;i++)
         a[i]+=i;
}
int main( )
{    int i;
     struct S s={10,{2,3,1,6,8,7,5,4,10,9}};
     f(s.a,s.n);
     for(i=0; i<s.n; i++)
        printf ("%d,",s.a[i]);
     return 0;
}
```

A) $2,4,3,9,12,12,11,11,18,9,$ B) $3,4,2,7,9,8,6,5,11,10,$

C) $2,3,1,6,8,7,5,4,10,9$ D) $1,2,3,6,8,7,5,4,10,9,$

4. 以下程序的运行结果是_____。

```c
#include <stdio.h>
struct STU
{   char name[9];
    char sex;
    int s[2];
};
void f(struct STU a[])
{   struct STU b = {"Zhao",'m',85,90};
    a[1] = b;
}
int main()
{   struct STU c[2] = {{"Qian",'f',95,92},{"Sun",'m',98,99}};
    f(c);
    printf("%s,%c,%d,%d,",c[0].name,c[0].sex,c[0].s[0],c[0].s[1]);
    printf("%s,%c,%d,%d\n",c[1].name,c[1].sex,c[1].s[0],c[1].s[1]);
    return 0;
}
```

A) Zhao,m,85,90,Sun,m,98,99 B) Zhao,m,85,90,Qian,f,95,92

C) Qian,f,95,92,Sun,m,98,99 D) Qian,f,95,92,Zhao,m,85,90

5. 以下程序的运行结果是_____。

```c
#include <stdio.h>
struct S
{   int a,b;
}data[2] = {10,100,20,200};
int main( )
{   struct S p = data[1];
    printf("%d\n", ++(p.a));
    return 0;
}
```

A) 10 B) 11 C) 21 D) 20

6. 以下程序的运行结果是_____。

```c
#include <stdio.h>
struct ord{   int x, y;   } dt[2] = {1,2,3,4};
int main( )
{   printf("%d,", ++(dt[0].x));
    printf("%d\n", ++(dt[1].y));
```

```
        return 0;
    }
```

A) 2,5   B) 4,1   C) 3,4   D) 1,2

7. 以下程序的运行结果是_____。

```
#include <stdio.h>
struct   contry
{   int   num;
    char name[20];
}x[5]={1,"China",2,"USA",3,"France",4,"Englan",5,"Spanish"};
int main()
{   int i;
    for (i=3;i<5;i++)
        printf("%d%c",x[i].num,x[i].name[0]);
    return 0;
}
```

A) 3F4E5S   B) 4E5S   C) F4E   D) c2U3F4E

8. 以下程序的运行结果是_____。

```
#include <stdio.h>
int main()
{   union
    {   unsigned int n;
        unsigned char c;
    }u1;
    u1.c='A';
    printf("%c ",u1.n);
    return 0;
}
```

A) 产生语法错   B) 随机值   C) A   D) 65

9. 以下程序的运行结果是_____。

```
#include <stdio.h>
union myun
{   struct {int x,y,z;}u;
    int k;
}a;
int main()
{   a.u.x=4;
    a.u.y=5;
    a.u.z=6;
    a.k=8;
```

```
    printf(" % d",a.u.x);
    return 0;
}
```

10. 以下程序的运行结果是_____。

```
# include < stdio. h >
int main()
{   union EXAMPLE { struct { int x,y ; }in ;
               int a,b ;
                 } e ;
    e.a = 1 ;
    e.b = 2 ;
    e. in. x = e. a * e.b ;
    e. in. y = e. a + e.b ;
    printf (" % d   % d\n", e. in. x , e. in. y) ;
    return 0;
}
```

11. 以下程序运行后输出结果是_____。

```
# include < stdio. h >
enum{A,B,C = 4}i;
int main( )
{   int k = 0;
    for(i = B;i < C;i++ )
        k ++ ;
    printf(" % d",k);
    return 0;
}
```

12. 以下程序运行后输出结果是_____。

```
# include < stdio. h >
enum color{BLACK, YELLOW, BLUE = 3, GREEN, WHITE};
int main( )
{   char colorname[ ][80] = {"Black","Yellow","Blue","Green","White"};
    enum color c1 = GREEN, c2 = BLUE;
    printf(" % s",colorname[c1 - c2]);
    return 0;
}
```

13. 以下程序运行后输出结果是_____。

```
# include < stdio. h >
enum days {mon = 1, tue, wed, thu, fri, sat, sun}today = tue;
int main( )
```

```
{   printf("%d", (today+2)%7); return 0;}
```

14. 以下叙述中错误的是_____。

A) 可以用 typedef 定义的新类型名来定义变量

B) typedef 定义的新类型名必须使用大写字母,否则会出编译错误

C) 用 typedef 可以为基本数据类型定义一个新名称

D) 用 typedef 定义新类型的作用是用一个新的标识符来代表已存在的类型名

15. 设有语句 typedef struct TT{ char c;   int a[4];}CIN;则下面叙述中正确的是_____。

A) 可以用 TT 定义结构体变量   B) TT 是 struct 类型的变量

C) 可以用 CIN 定义结构体变量   D) CIN 是 struct TT 类型的变量

16. 设有语句 typedef struct {int n; char c; double x;}STD;则以下选项中,能正确定义结构体数组并赋初值的语句是_____。

A) STD tt[2] = {{1,'A',62},{2,'B',75}};

B) STD tt[2] = {1,"A",62,2,"B",75};

C) struct tt[2] = {{1,'A'},{2, 'B'}};

D) struct tt[2] = {{1,"A",62.5},{2, "B",75.0}};

17. 若有定义和声明

```
typedef enum{green, red, yellow, blue, black}color;
color flower;
```

则下列语句中正确的是_____。

A) green = red;   B) flower = red;   C) color = red;   D) enum = red;

18. 以下程序运行后输出结果是_____。

```
#include <stdio.h>
#include <string.h>
typedef   struct
{   char name[9];
    char sex;
    float score[2];
} STU;
void   f(STU *a)
{   strcpy(a->name, "Zhao");
    a->sex = 'm';
    a->score[1] = 90.0;
}
int main()
{   STU   c={"Qian",'f',95.0,92.0}, *d=&c;
    f(d);
    printf("%s,%c,%2.0f,%2.0f\n",d->name,c.sex,c.score[0],c.score
[1]);
```

```
    return 0;
}
```

A) Qian,f,95,92 　　　　B) Zhao,f,95,90

C) Zhao,m,95,90 　　　　D) Zhao,f,95,92

19. 以下 scanf 函数调用语句中对结构体变量成员的不正确引用是_____。

```
struct stud
{   char name[20] ;
    int age ;
    float score ;
} stu[5] , * p = stu ;
```

A) scanf("%s" , stu[0].name) ;

B) scanf("%d" , &stu[0].age) ;

C) scanf("%f" , &(p-> score)) ;

D) scanf("%d" , (p-> score)) ;

20. 如下程序的输出结果是_____。

```
#include < stdio.h >
struct person
{   char name[10];   int age; };
int main()
{   struct person room[4] = {{"Zhang",19},{"Li",20},
                             {"Wang",17},{"Zhao",18}};
    printf("%s:%d\n",(room+2)-> name,room-> age);
    return 0;
}
```

21. 如下程序的输出结果是_____。

```
#include < stdio.h >
int main( )
{   struct stu  {int x;   int * y;  } * p;
    int dt[4] = {10,20,30,40};
    struct stu a[4] = {50,&dt[0],60,&dt[1],70,&dt[2],80,&dt[3]};
    p = a + 1;
    printf("%d,", ++p-> x);
    printf("%d,",( ++p) -> x);
    printf("%d\n", ++( * p-> y));
    return 0;
}
```

22. 以下程序程序运行结果是_____。

```
#include < stdio.h >
union pw
```

```
{   int i;   char ch[5]; } a;
int main( )
{   a. i = 0x44434241;
    a. ch[5] = 0;
    printf(" % s\n", a. ch);
    return 0;
}
```

23. 以下程序程序运行结果是_____。

```
# include < stdio. h>
struct pair {int first, second; };
struct pair get_min_max( int *  array, int len)
{   int i;
    struct pair res;
    res. first = res. second = array[0];
    for( i = 1; i < len; i++ )
    {   if( array[i]< res. first) res. first = array[i];
        if( array[i]> res. second) res. second = array[i];
    }
    return res;
}
int main( )
{   int array[8] = {1, 3, 9, 5, 10};
    struct pair min_max = get_min_max( array, 6);
    printf("min = % d, max = % d\n", min_max. first, min_max. second);
    return 0;
}
```

第9章 指 针

一、本章知识点

1. 指针与指针变量
2. 运算符 & 和 * 及指针变量的初始化
3. 地址值的输出
4. 基本类型量做函数参数
5. 指针变量做函数参数
6. 指针和一维数组
7. 一维数组元素指针做函数参数
8. 指针和字符串
*9. 二维数组与指针
*10. 指针数组的定义和使用
*11. 使用指针数组处理多个字符串
*12. main 函数的参数
*13. 指向指针的指针
*14. 函数指针
*15. 返回指针的函数(指针函数)

二、例题、答案和解析

知识点 1：指针与指针变量

【题目】以下叙述中正确的是_____。

A) 即使不进行强制类型转换,在进行指针赋值运算时,指针变量的类型也可以不同

B) 如果企图通过一个空指针来访问一个存储单元,将会得到一个出错信息

C) 设变量 p 是一个指针变量,则语句 p = 0;是非法的,应该使用 p = NULL;

D) 指针变量之间不能用关系运算符进行比较

【答案】B

【解析】一个指针变量只能指向同一种数据类型的变量,即类型要一致,所以 A 不对;要使一个指针变量指向为空,p = 0;或 p = NULL;后一种要求 #include < stdio. h >,所以 C 不对;指针变量可以用关系运算符进行比较,所以 D 是错的;在 C 语言中,空指针表示不指向任何地址空间,如果访问一个空指针,将会运行出错,答案选 B。

知识点 2：运算符 & 和 * 及指针变量的初始化

【题目】以下程序段完全正确的是

A) int * p; scanf(" % d", &p);

B) int * p; scanf(" % d", p);

C) int k, ∗p = &k;　scanf("%d", p);

D) int k, ∗p; ∗p = &k; scanf("%d", p);

【答案】C

【解析】选项 A、B 中只定义了指针变量 p,没有指向,不能用 scanf 语句赋值,而且 A 中的 scanf 语句的 p 已经是变量地址,不需要 & 运算符;选项 D 中 ∗p = &k;此语句中的 ∗p 表示的是 p 指向的变量,&k 表示的是 k 的地址,两端数据类型不一致,应该改成 p = &k;选项 C 是对的,此处 ∗p = &k 表示定义了指针变量 p,并对 p 初始化,p 指向变量 k。

知识点 3:地址值的输出

【题目】如果以下程序的第一个输出结果为 164,则第二个输出结果是_____。

```
#include <stdio.h>
int main()
{   int a[ ] = {1,2,3,4,5,6,7}, ∗p;
    p = a;
    printf("%x\n",p);
    printf("%x\n",p + 6);
    return 0;
}
```

【答案】17c

【解析】第一个输出为数组 a 的首地址,且为十六进制数据,第二个输出为 a[6]元素的地址,在 VC 中,int 类型为 4 个字节,所以 a[6]的地址在 a[0]元素的基础上加十六进制的 18(十进制为 24),所以第二个输出为十六进制加法:164+18,为 17c。

知识点 4:基本类型量做函数参数

【题目】以下程序

```
#include <stdio.h>
void fun(int a)
{   int  b = 2;
    a = b;    a = a ∗ 2;  printf("%d,",a);
}
int main()
{   int k = 3;
    fun(k);  printf("%d\n", k); return 0;
}
```

则程序的输出结果是_____。

A) 4,3　　　　　　B) 4,4　　　　　　C) 6,3　　　　　　D) 6,6

【答案】A

【解析】函数 fun()中的形参 a 为动态局部变量,当函数被调用时,函数调用时,形参和实参的关系为单向值传递,即:实参的值传递给形参。因此形参 a 的初值为 k 的值,在函数中赋值为 b 的值 2,并被修改为 4,所以其输出为 4,主函数中 k 的值根据形参和实参单向传值调用关系,其值不变为 3,因此答案选 A。

知识点 5:指针变量做函数参数

【题目】以下程序

```
#include <stdio.h>
void fun(int *a)
{   int  b=2;
    a=&b; *a = *a * 2; printf("%d,", *a);
}
int main()
{   int  k=3, *p=&k;
    fun(p); printf("%d,%d\n", k, *p); return 0;
}
```

则程序的输出结果是_____。

A) 4,3,3   B) 4,3,4   C) 6,3,6   D) 6,6,6

【答案】A

【解析】函数 sp()的形参为局部指针类型,主函数中的指针变量 p 指向 k,当调用 sp 函数时,根据形参与实参的关系,实参的值传递给形参,此时形参 a=p,即 a 也指向变量 k,但是在函数 sp 中,a 的指向改变了,指向 b,因此 *a 修改的是 b 的值为 4,fun()中输出 b 的值 4,主函数中 k 的值没有改变,因此输出 k 和 *p 都为 3,答案为 A。

知识点 6:指针和一维数组

【题目 1】有以下程序

```
#include <stdio.h>
int main()
{   int a[] = {1, 2, 3, 4, 5};
    int x, y, *p;
    p=a;
    x = *(p+2);
    printf("%d:%d \n", *p, x);
    return 0;
}
```

程序运行后的输出结果是_____。

A) 1:3   B) 1:1   C) 3:3   D) 1:1

【答案】A

【解析】首先定义一个整型数组 a,并对 a 进行初始化;然后定义整型变量 x,y,整型指针变量 p;再将数组 a 的地址赋给 p。因此此时 p 中存放的是数组 a 的首地址,即数组中第一个元素 a[0]的地址。执行 x= *(p+2);p+2 表示以 p 当前所指向的位置起始,之后第 2 个元素的地址,即 a[2]的地址。*(p+2)则表示该地址所存放的内容,即 a[2]的值 3,然后再把 3 赋给 x,然后执行 printf 语句,先输出表达式 *p 的值。此时 *p 表示的是 p 所指向变量的内容,即 a[0]的值 1。再输出一个冒号。然后再输出 x 中的值 3。

【题目 2】设 int a[10], *p=a+1;则对 a[5]的引用可以是 p[_____] 和 *(p_____) 来实现。

【答案】4　　　+4

【解析】若指针 p 指向 a 数组的 a[1]元素位置,则引用 a[5]用指针 p 可以写成 p[4]和 *(p+4)。

【题目 3】有以下程序

```
# include < stdio. h >
# include < stdlib. h >
void  fun(int * p1,int * p2,int * s )
{   int   c;
    s = &c;
    * s =  * p1 +  * (p2 ++);
}
int main()
{   int   a[2] = {1,2 }, b[2] = {10,20}, * s = a;
    fun( a,b,s ); printf(" % d\n", * s); return 0;
}
```

程序运行后的输出结果是_____。

A) 11　　　　　　　　B) 10　　　　　　　　C) 1　　　　　　　　D) 2

【答案】C

【解析】主函数中的指针变量 s 指向数组 a 第一个元素 a[0],此时 * s 的值为 1,函数 fun()的三个参数均为指针变量,当被调用时,把 a,b 和 s 的值分别传值给形参 p1,p2 和 s。在函数 fun 中,形参 s 与实参 s 是不同的指针变量,其初始指向为指向 a[0],但语句 s = &c;使其指向发生变化,指向局部变量 c,因此 fun()函数中的 * s 改变的是 c 的值,而不能改变 a[0]的值,因此,主函数中 * s 的值(即 a[0]的值)没有被改变,输出还是为 1。

知识点 7:一维数组元素指针做函数参数

【题目 1】有以下程序

```
# include < stdio. h >
void fun( int * a,int n)
{   int i,t;
    for(i=0; i<n/2; i++) { t=a[i]; a[i]=a[n-1-i]; a[n-1-i]=t; }
}
int main( )
{   int a[10] = {1,2,3,4,5,6,7,8,9,10},i, * p=a;
    fun(p,5);
    for(i=2; i<8; i++) printf(" % d",a[i]);
    printf("\n");    return 0;
}
```

A) 321678　　　　　B) 876543　　　　　C) 1098765　　　　D) 345678

【答案】A

【解析】函数 fun() 的功能为对其形参 a 指向的数组的前 n 个元素逆向存放。主函数中指针变量 p 指向数组 k 的第一个元素 k[0],当调用函数 fun() 时候,其形参 a 也指向数组元素 k[0],且对其前 5 个元素逆向存放,因此函数调用结束后 k 数组元素此时为:5,4,3,2,1,6,7,8,9,10,输出的结果从数组 a[2] 开始,所以输出结果为:321678,答案为 A。

【题目2】有以下程序,分析各函数的功能。

```c
# include < stdio. h >
int count( int * p, int n, int * pos, int * neg, int * zero)
{    int total = 0;
     while( -- n > = 0 )
     {     if( * (p + n) > 0 ) ( * pos) ++ ;
           else if( * (p + n) < 0 ) ( * neg) ++ ;
                else ( * zero) ++ ;
           total += * (p + n);
     }
     return total;
}
int main( )
{    int i, number[10], * p = number, pos = 0, neg = 0, zero = 0;
     float aver;
      printf("输入 10 个整数:\n");
     for(i = 0; i < 10; i ++ ) scanf("%d", p + i);          /* 输入数组元素值 */
         aver = count(p, 10, &pos, &neg, &zero )/10.0;
     for(i = 0; i < 10; i ++ ) printf("%d\t", * (p + i));   /* 输出数组元素值 */
         printf("正数个数 = %d,负数个数 = %d,0 的个数 = %d,平均值 = %.2f\n",
                 pos,neg,zero,aver);
     return 0;
}
```

【答案】统计数组中正数、负数、零的个数以及平均值。

【解析】count() 函数通过指针作为参数直接访问主函数的变量 pos、neg 以及 zero,函数运行结束时返回结果为数组元素的总和,在主函数中输出统计值以及平均值。虽然一个函数只能有一个返回值,但该程序通过指针作为参数,同时得到了多个结果。

知识点 8:指针和字符串

【题目1】下列语句组中,正确的是 _____。

A) char * s; s = "Olympic";　　　　　　　B) char s[7]; s = "Olympic";

C) char * s; s = {"Olympic"};　　　　　　D) char s[7]; s = {"Olympic"};

【答案】A

【解析】此题主要考字符数组名与字符指针变量的区别。字符数组名是指针常量,常量的值在程序中不能修改,所以选项 B 和 D 均错,选项 A 和 C 中的 s 是字符指针变量,可以修改其值,C 中的赋值方法是错误的,不能用"{}"号,A 是对的。而这样赋值是正确的 char * s = {"Olympic"}; 。

【题目 2】以下程序的输出结果是_____。

```
int main( )
{    char s[] = "nanjing", * p;
     for(p = s; p < s + 2; p + + )puts(p);
     return 0;
}
```

【答案】nanjing
　　　　anjing

【解析】指针变量 p 指向字符数组 s,第一次循环 p 指向 s[0],输出以 s[0]开始的字符串,其值为 "Nanjing"。第二次循环 p 指向 s[1],输出以 s[1]开始的字符串,其值为"anjing"。

*知识点 9:二维数组与指针

【题目】若有定义:

int w[3][5];则以下不能正确表示该数组元素的表达式是_____。

A) * (&w[0][0] + 1)　　B) * (* w + 3)　　　　C) * (* (w + 1))　　D) * (w + 1)[4]

【答案】D

【解析】此题为二维数组元素指针法的表示。选项 A 中 &w[0][0] + 1 表示数组元素 w[0][1]的地址,前面加 * 表示间接访问 w[0][1]的值;选项 B 中 * w + 3 表示元素 w[0][3]的地址, * (* w + 3)表示元素 w[0][3];选项 C 中的 * (w + 1)表示 w[1][0]的地址, * (* (w + 1))表示元素 w[1][0];选项 D 的表示方法是错的 。

*知识点 10:指针数组的定义和使用

【题目 1】若有以下程序段

```
int main( )
{    char * p[ ] = {"bool","opk","h","sp"};
     int i;
     for(i = 3; i > = 0; i - - , i - - )
         printf(" % c", * p[i]);
     printf("\n");
     return 0;
}
```

则程序的输出结果是_____。

【答案】so

【解析】此题中的 p 是指针数组,有四个元素 p[0],p[1],p[2],p[3]分别指向四个字符串"bool","opk","h","sp",第一次循环 i = 3 时,p[3]指向字符串"sp", * p[3]表示字符's';第二次循环时,i = 1,p[1]指向字符串"opk",则 * p[1]表示字符 'o';所有输出结果为"so"。

【题目 2】下列程序的运行结果是_____。

```c
int main( )
{   char ch[2][5] = {"1345","6578"}, * p[2];
    int i, j, s = 0;
    for (i = 0; i < 2; i++ )
      p[i] = ch[i];
    for(i = 0; i < 2; i++ )
      for (j = 0; p[i][j] > '\0'&&p[i][j] < = '9'; j = j + 2)
         s = 10 * s + p[i][j] - '0';
    printf(" % d\n",s);
    return 0;
}
```

A) 1345　　　　　B) 6578　　　　　C) 3558　　　　　D) 1467

【答案】D

【解析】此题中的指针数组 p[2],其元素分别指向数组 ch 中的第一行和第二行首地址,p[i][j] 的值和 ch[i][j] 的值相等。此题的功能是依次取二维数组中的元素 ch[0][0], ch[0][2], ch[1][0], ch[1][2] 中的字符,并将其转换为对应的数字,构成一个四位数的整数,其结果为 1467。

＊知识点 11:main 函数的参数

【题目】如果以下源程序的名字为 prog. c,编译后执行以下命令:prog. exe this is C program < CR >,则程序的输出结果是_____。

```c
# include < stdio. h >
int main(int argc,char * argv[ ])
{   int i;
    printf(" % 4d ",argc);
    for (i = 0; i < argc; i++ .
        printf(" % s ",argv[i]);
    printf("\n");
      return 0;
}
```

【答案】5 prog. exe this is C program

【解析】main 函数的第一个参数 argc 的含义是执行文件时输入的子串的个数,包括可执行文件名,第二个参数 argv 为一个指针数组,每个元素指向输入的子串。在本题中,可执行文件名为 prog. exe,再加上输入的子串为 4,所以 argc 的值为 5;argv 的每个元素分别指向 prog. exe 和输入的 this,is,C,program 四个子串,所以输出结果为:5 prog. exe this is C program。

＊知识点 12:指向指针的指针

【题目】若有以下程序

```
# include < stdio. h>
int   k = 7;
void fun(int ∗∗ s)
{   int ∗ t = &k;
    ∗ s = t;
    printf("% d, % d, % d,", k, ∗ t, ∗∗ s);
}
int main( )
{   int i = 3, ∗ p = &i, ∗∗ r = &p;
    fun(r);    printf("% d, % d, % d\n", i, ∗ p, ∗∗ r);
    return 0;
}
```

则程序的输出结果是_____。

A) 3, 3, 3, 7, 7, 7　　　　　　　　　B) 3, 7, 7, 7, 7, 7

C) 7, 7, 7, 3, 3, 3　　　　　　　　　D) 7, 7, 7, 3, 7, 7

【答案】D

【解析】此题中主函数 r 是指针的指针,初值指向 p,而 p 又指向 i。当调用函数 fun()时,实参 r 赋值给形参 s,此时 s 和 r 的指向相同,都指向指针变量 p,即 ∗ s 和 p 相等,但是当执行函数 fun()中的语句 ∗ s = t 时,改变了 s 指向的指针 p 的指向,此时 p 的指向和函数 fun 中 t 的指向相同,都指向 k,因此 ∗ t 和 ∗∗ s 均间接访问 k,主函数中 ∗ p 和 ∗∗ r 均间接访问 k,所以答案选 D。

∗ 知识点 13:函数指针

【题目】已知定义"int(∗ max)( );",则指针 max 可以_____。

A) 代表函数的返回值　　　　　　　　B) 指向函数的入口地址

C) 表示函数的类型　　　　　　　　　D) 表示函数返回值的类型

【答案】B

【解析】此题中的 max 表示一个指针,是函数指针,可以指向一个函数的开始地址。

知识点 14:返回指针的函数(指针函数)

【题目】若有以下程序

```
# include < stdio. h>
int ∗ fun(int ∗ s, int ∗ t)
{   int ∗ k;
    if ( ∗ s < ∗ t){  k = s;  s = t;  t = k;  }
    return  s;
}
int main( )
{   int i = 3, j = 5, ∗ p = &i, ∗ q = &j, ∗ r;
    r = f(p,q);  printf("% d, % d, % d, % d, % d\n", i, j, ∗ p, ∗ q, ∗ r);
```

```
        return 0;
    }
```
则程序的输出结果是_____。

A) 3,5,5,3,5　　　B) 3,5,3,5,5　　　C) 5,3,5,3,5　　　D) 5,3,3,5,5

【答案】B

【解析】此题中函数 fun 为返回值为指针的函数,函数 fun 功能为满足条件交换形参变量 s 和 t 的指向,由于形参和实参的关系是单向值传递,s 和 t 分别指向主函数的 i 和 j,且满足条件交换了 s 和 t 的指向,s 指向主函数的 j,并作为返回值赋值给了 r,根据形参和实参单向传值关系,函数 fun 中 s 和 t 的改变不影响实参 p 和 q,所以主函数输出的前四个值分别是 i,j,i,j 的值,r 指向 j,*r 即为 j 的值。

三、练习题及答案

1. 假定指针变量 p 指向对象的值为 20,p+1 指向的对象值为 40,则 *p++ 的值为_____。

2. 若有程序段"int a[10], *p=a, *q; q=&a[5]",则表达式 q-p 的值为_____。

3. 当数组名作函数实参时,它传递给函数的是_____。

4. int * fun( ) 说明的含义是_____(1)_____;int (* fun)( ) 说明的含义是_____(2)_____。

5. 以下程序的功能是输入一行字符并作为字符串存放在字符数组中,然后输出。

```
int main( )
{   int i;
    char s[40], * p;
    for (i = 0; i < 39; i++)
    {   * (s + i) = getchar();
        if(s[i] == '\n') break;
    }
        ____(1)____ ;
        ____(2)____ ;
    while( * p) putchar( * p++);
    return 0;
}
```

*6.以下程序的功能是利用插入排序法将字符串中的字符从小到大进行排序,请填空。

```
#include < stdio. h>
void insert(char * s)
{   int i, j, t;
    for (i = 1; * (s + i)! = '\0'; i++)
    {   t = * (s + i);j = i - 1;
        while((j > = 0)&&t < * (s + j))
        {   ____(1)____ ;
```

```
                j--;
            }
            _____(2)_____;
        }
    }
int main( )
{   char s[20]; int i;
    gets(s);insert(s);puts(s);
    return 0;
}
```

7. 假设数组 a 中的数据已按照从小到大的顺序排序,以下程序功能是将 a 中具有相同值的元素删的只剩一个,且以每行 4 个数据的格式输出结果数组中的元素值。例如若数组 a 的初始数据为{1,1,1,2,3,3,3,3,4,5},则删除后 a 数组为{1,2,3,4,5}。请填空。

```
#define N 10
int main( )
{   int a[N], i, j, m;
    for (i = 0; i < N; i++) scanf("%d",a+i);
    m = i = N-1;
    while(i >= 0)
    {   if ( *(a+i) == *(a+i-1))
        {   for(j = _____(1)_____; j <= m; j++) *(a+j-1) = *(a+
            j);
            _____(2)_____;
        }
        i--;
    }
    for(i = 1; i <= m+1; i++)
    {   printf("%4d",__(3)_____);
        if ((i)%4 == 0) printf("\n");
    }
        return 0;

}
```

8. 以下程序的功能是统计并输出在一个字符串(主串)中某个字符子串的出现次数,记录并输出子串在主串中每一次出现的起始下标。

```
#include <string.h>
#include <stdio.h>
int count(char * str, char * substr, int c[]) //str 为主串,substr 为子串
{   int i, j, k, num = 0;
```

```
      for(i = 0; * (str + i)! = '\0'; i++ )
      {   j = i; k = 0;
          while(substr[k]! = '\0'&&____(1)____     )
           k++,j++;    /*判断 str 指向的主串中是否出现 substr 指向的子串 */
        if(substr[k] == '\0')
        {   c[num++ ] =____(2)____;    /*记录子串在主串中出现的起始下标 */
           i = i + strlen(substr) - 1;
        }
      }
      return ____(3)____;
}
int main( )
{   char str[80], substr[80];
    int i, num = 0, c[80];
    gets(str);
    gets(substr);
    num = count(____(4)____);
    if(num)
    {   printf(" % d\n",num);
        for(i = 0; i < num; i++ )
           printf(" % d ",c[i]);
    }
    else
        printf(" % s is not a substring! \n", substr);
    return 0;
}
```

9. 以下程序的功能是将十进制正整数转换成十六进制。请填空。

```
# include < stdio. h >
# include < string. h >
int main( )
{   int a, i;
    char s[20];
    scanf(" % d",&a);
    tran10_16(s,a);
    for (i = ____(1)____; i > = 0; i-- )putchar( * (s + i));
    return 0;
}
void tran10_16(char * s, int b)
{   int j;
```

```
    while(b > 0)
    {    j = b % 16;
         if(_____(2)_____) * s = j + '0';
         else * s = j - 10 + 'A';
         b = b /16;
         s ++ ;
    }
    _____(3)_____ ;
}
```

10. 执行下面程序后,变量 a 的值为_____。

```
int * p, a, b = 2;
p = &a; * p = 10; a = * p + b;
```

A) 13　　　　　　　B) 12　　　　　　　C) 11　　　　　　　D) 编译错误

11. 有定义 char * s1;,其含义是_____。

A) 分配指针空间及串空间　　　　　　B) 不分配指针空间和串空间

C) 分配串空间,不分配指针空间　　　　D) 不分配串空间,分配指针空间

12. 若有定义语句:int year = 2015, * p = &year;,以下不能使变量 year 中的值增至 2016 的语句是_____。

A) * p += 1;　　　B) (* p) ++ ;　　　C) ++ (* p);　　　D) * p ++ ;

13. 下面程序的运行结果是_____。

```
int main()
{    int a[ ] = {1, 2, 3, 4, 5, 6, 7, 8, 9, 10}, * p = a + 5;
     printf("% d", * --p); return 0;
}
```

A) 4　　　　　　　B) a[4]的地址　　　C) 3　　　　　　　D) 5

14. 有以下程序

```
# include < stdio. h >
void fun (int * p)
{    printf ("% d\n", p[5]);   }
int main( )
{    int a[10] = {1, 2, 3, 4, 5, 6, 7, 8, 9, 10};
     fun(&a[3]);
        return 0;
}
```

程序运行后的输出结果是_____。

A) 5　　　　　　　B) 6　　　　　　　C) 8　　　　　　　D) 9

15. 以下程序

```
# include < stdio. h >
# include < string. h >
```

```
char * a = "are";
char * b = "what are you doing";
int main( )
{    char * p;
     p = strstr(b,a) + strlen(a) + 1;
     printf(" % s\n",p);
     return 0;
}
```

运行结果是_____。

A) are you doing   B) what are you doing

C) you doing   D) doing

16. 有以下函数：

```
int fun(char * s)
{   char * t = s;
    while( * t ++ );
    return(t - s);
}
```

该函数的功能是_____。

A) 计算 s 所指字符串的长度

B) 比较两个字符串的大小

C) 计算 s 所指字符串占用内存字节的个数

D) 将 s 所指字符串复制到字符串 t 中

17. 以下选项中,能正确进行字符串赋值的是_____。

A) char * s = "ABCDE";   B) char s[5] = {'A', 'B', 'C', 'D', 'E'};

C) char * s;gets(s);   D) char s[4][5] = {"ABCDE"};

18. 已有声明" int a [4] = {4, 3, 8, 6}, * pa = a, i;",以下语句中有语法错误的是_____。

A) for(i = 0; i < 4; i ++) a ++ ;

B) for(i = 0; i < 4; i ++) (* a) ++ ;

C) for(i = 0; i < 4; i ++) pa ++ ;

D) for(i = 0; i < 4; i ++) (* pa) ++ ;

19. 以下程序

```
int a[3][3] = {{2},{4},{6}};
int main( )
{    int i, * p = &a[0][0];
     for(i = 0; i < 2; i ++ )
     {   if(i == 0)  a[i][i + 1] = * p + 1;
         else ++ p;
         printf(" % d", * p);
```

```
        }
      return 0;
   }
```

程序的运行结果是_____。

A) 23   B) 26   C) 33   D) 36

20. 以下程序

```
void prtv(int * x)
{    printf(" % d\n", ++ * x);}
int main( )
{    int a = 25;
     prtv(&a);
     return 0;
}
```

程序输出是_____。

A) 23   B) 24   C) 25   D) 26

*21. 以下程序：

```
int main( )
{    int a[ ] = {2,4,6,8,10}, * p, ** k;
     p = a; k = &p;
     printf(" % 3d", * (p ++ ));
     printf(" % 3d\n", ** k);
     return 0;
}
```

程序输出是_____。

A) 4 4   B) 2 2   C) 2 4   D) 4 6

*22. 语句"int(* ptr)( );"的含义是_____。

A) ptr 是指向函数的指针,该函数返回一个 int 型数据

B) ptr 是指向 int 型数据的指针变量

C) ptr 是指向一维数组的指针变量

D) ptr 是一个函数名,该函数的返回值是指向 int 型数据的指针

*23. 设有以下定义：

char * cc[2] = {"1234","3455"};

则正确的叙述是_____。

A) cc 数组的两个元素中各自存放了字符串"1234"和"3455"的首地址

B) cc 数组的两个元素分别存放的是含有 4 个字符的一维字符数组的首地址

C) cc 指针变量,它指向含有两个数组元素的字符型一维数组

D) cc 数组元素的值分别是"1234"和"3455"

24. 有以下程序

♯ include < stdio. h >

```
# include < string. h >
int main( )
{   char a[10] = "abc", * b = "312",  * c = "xyz";
    strcpy(a + 1, b + 2);
    puts(strcat(a, c + 1));
    return 0;
}
```

程序运行后的输出结果是_____。

A) a12cyz　　　　　B) 12yz　　　　　C) a2yz　　　　　D) bc2yz

25. 以下程序运行结果是_____。

```
# include < stdio. h >
int f( int  * x, int  * y, int z)
{    * x = * y;    * y = z; z = * x;
    return z;
}
int main( )
{   int a = 5,  b = 6,  c = 7,  d;
    d = f(&a, &b, c);
     printf(" % 2d % 2d\n % 2d % 2d\n", a, b, c, d);
     return 0;
}
```

26. 以下程序的运行结果是_____。

```
# include < stdio. h >
# include < string. h >
int fun(char * str)
{   int i, j, len;
    len = strlen(str);
    for(i = 0,  j = 0;  * (str + i); i + + )
       if( * (str + i) > = 'A' && * (str + i) < = 'Z' || * (str + i) > = 'a' && * (str + i) < =  'z')
            * (str + j + + ) = * (str + i);
      * (str + j) =  '\0';
      return len - j;
}
int main( )
{   char s[80] = "how123are6you78";
    int n; n = fun(s);
    printf(" % d\n % s\n", n, s);
    return 0;
}
```

* 27. 以下程序的运行结果是 _____。

```
# include < stdio. h >
int main( )
{    int a[3][4] = {2,4,6,8,10,12,14,16,18,20,22,24};
     int ( * p)[4] = a, i, j, k = 0;
     for (i = 0; i < 3; i++ )
         for (j = 0; j < 2; j++ )
             k = k+ * ( * (p + i) + j);
     printf(" % d\n",k);
     return 0;
}
```

28. 以下程序的运行结果是_____。

```
# include < stdio. h >
int fun1(int p[ ], int n)
{    int i, s = 0;
     for(i = 0; i < n; i++ ) s += p[ i];
     return s;
}
int fun2(int * s, int n)
{    if(n == 1)   return * s;
     else return ( * s) + fun2(s + 1,n - 1);
}
int main( )
{    int a[ ] = {1,2,3,4,5};
     printf(" % d\n % d ",fun1(a,3),fun2(a,3));
     return 0;
}
```

29. 以下程序的运行结果是_____。

```
# include < stdio. h >
# include < string. h >
void fun(char * w, int m)
{    char s, * p1, * p2;
     p1 = w;   p2 = w + m - 1;
     while(p1 < p2) { s = * p1 ++ ; * p1 = * p2; * p2 -- = s; }
}
int main()
{    char a[ ] = "123456";
     fun(a,strlen(a)); puts(a);
     return 0;
```

```
}
```

30. 以下程序的输出结果是_____。

```
#include <stdio.h>
#define PR(ar)  printf("%d  ", ar)
int main()
{   int j, a[] = {1,3,5,7,9,11,13,15}, *p = a + 5;
    for ( j = 3 ; j ; j-- )
    {   switch ( j )
        {   case 1 :
            case 2 : PR( *p++ ) ; break ;
            case 3 : PR( *( --p) ) ;
        }
    }
    return 0;
}
```

31. 结构体定义如下：

```
struct STD
{   char name[10];
    int age;
    char sex;
}s[5], *ps;
ps = &s[0];
```

则以下 scanf 函数调用语句中错误引用结构体变量成员的是_____。

A) scanf("%s",s[0].name);   B) scanf("%d",&s[0].age);

C) scanf("%c",&(ps->sex));   D) scanf("%d",ps->age);

32. 以下程序的输出结果是_____。

```
#include <stdio.h>
sub( int *a, int n, int k);
int main()
{   int x = 0;
    sub(&x,8,1);
        printf("%d\n",x);
    return 0;
}
sub( int *a, int n, int k)
{   if (k <= n) sub(a, n/2, 2*k);
    *a += k;
}
```

33. 以下程序程序运行结果是_____。

```c
#include < stdio. h >
int b = 2;
int fun( int  * k )
{   b = * k + b;
    return (b);
}
int main( )
{   int a[10] = {1, 2, 3, 4, 5, 6, 7, 8}, i;
    for( i = 2; i < 4; i++ )
    {   b = fun(&a[ i]) + b;
        printf(" % d ", b);
    }
    printf("\n");
    return 0;
}
```

A) 10　12　　　　　　B) 8　10　　　　C) 10　28　　　　D) 10　16

34. 以下程序程序运行结果是_____。

```c
#include < stdio. h >
char s[ ] = "ABCD";
int main( )
{ char  * p;
  for( p = s; p < s + 4; p++ )
      printf(" % c: % s  ", * p, p);
  return 0;
}
```

35. 以下程序程序运行结果是_____。

```c
#include < stdio. h >
struct ks { int a; int  * b;
          }s[4],  * p;
int main( )
{   int n = 1, i;
    for( i = 0; i < 4; i++ )
    {   s[i]. a = n;
        s[i]. b = &s[i]. a;
        n = n + 2;
    }
    p = s + 2;
    printf(" % d,", * (p++) - > b);
    printf(" % d\n", ( * p). a);
}
```

```
    return 0;
}
```

36. 以下程序的功能是对在输入的 10 个整数中查找某数 x,如果找到则输出该数的数组元素下标,否则输出没找到,请填空使程序完整。

```
# include < stdio. h >
int main( )
{   int a[10], x, i;
    printf("Enter 10 integers:\n");
    for(i = 0; i < 10; i++ ) scanf(" % d",a + i);
        printf("Enter x:");
    scanf(" % d",&x); i -= 1;
    while(x! = * (a + i))      (1)      ;
    if(     (2)     )  printf(" % 5d 的位置是: % 4d\n", x, i);
    else   printf(" % d 没找到!\n",x);
    return 0;
}
```

*第10章 链表及其算法

一、本章知识点

* 1. 存储空间的动态分配和释放
* 2. 结构体及指针
* 3. 链表的概念
* 4. 不带头结点链表的常用算法
* 5. 带头结点链表的常用算法

二、例题、答案和解析

*知识点 1:存储空间的动态分配和释放

【题目】有以下程序:

```
#include<stdio.h>
#include<stdlib.h>
int main( )
{   int *p1,*p2,*p3;
    p1=p2=p3=(int *)malloc(sizeof(int));
    *p1=1;*p2=2;*p3=3;
    p1=p2;
    printf("%d,%d,%d\n",*p1,*p2,*p3);
    free(p1);
    return 0;
}
```

程序运行后的输出结果是_____。

A) 1,1,3   B) 2,2,3   C) 1,2,3   D) 3,3,3

【答案】D

【解析】此题中 p1,p2,p3 指向动态分配的同一个空间,当对其指向的空间赋值时,以最后一个 *p3=3 为最终指向空间的值,即 3;因为三个指向变量指向同一个空间,所以其指向的值都为 3,最后输出结果是 3,3,3。

*知识点 2:结构体及指针

【题目】有以下程序

```
#include<stdio.h>
struct  tt
{   int x; struct tt *y; } *p;
```

```
struct tt   a[4] = {20,a+1,15,a+2,30,a+3,17,a};
int main( )
{   int   i;
    p = a;
    for(i = 1; i < = 2; i++)   { printf(" % d,", p - > x ); p = p - > y; }
    return 0;
}
```

程序的运行结果是_____。

A) 20,30,　　　　　B) 30,17,　　　　　C) 15,30,　　　　　D) 20,15,

【答案】D

【解析】此题中,p 为结构体 tt 类型的指针变量,指向 tt 类型的结构体数组 a,a 数组中的每个元素的 y 成员分别指向数组的下一个元素,最后一个元素 a[3].y 指向 a[0];p 的初值指向 a[0],p - > x 为 a[0].x 即 20,下一次循环 p 指向 a[1],输出 a[1].x 的值即 15。

＊知识点 3:链表的概念

【题目】若已建立如下链表结构,指针 p、s 分别指向如图所示结点:

则不能将 s 所指向结点链入到链表末尾的语句组是_____。

A) p = p - > next;   s - > next = p; p - > next = s;

B) s - > next = '\0'; p = p - > next;   p - > next = s;

C) p = p - > next; s - > next = p - > next; p - > next = s;

D) p = (＊ p).next; (＊ s).next = (＊ p).next; (＊ p).next = s;

【答案】A

【解析】此题选项 B、C、D 都表示 p 指向下一个结点,即第 2 个结点,然后把 s 指向的结点链到链表的尾部。选项 A 表示把 s 指向的结点链到了第 2 个结点,不在链表的尾部。

＊知识点 4:不带头结点的链表的常用算法

【题目】函数 deletelist 的功能:在 head 指向的单向链表中查找是否出现多个与 x 值相同的结点。如果发现存在这样的结点,则保留第一个,删除其余重复出现的结点。

```
typedef struct point /＊ 链表结点数据结构定义 ＊ /
{   int x;
    struct point ＊ next;
}   (1)   ;
POINT ＊ deletelist(POINT ＊ head)
{   POINT ＊p, ＊ p1, ＊ p2;
    p =   (2)   ;
    while(p - > next! = NULL)
```

```
    {   p1 = p;
        p2 = p - > next;
        while(p2! = NULL)
          {   if(p2 - > x == p - > x)
                {   p1 - > next = __(3)_____ ;
                    free(p2);
                    p2 = p1 - > next;
                }
              else
                {   p1 = p2;
                    p2 = p2 - > next;
                }
          }
        p = _____(4)_____ ;
    }
    return head;
}
```

【答案】(1) POINT　(2) head　(3) p2 - > next　(4) p - > next

【解析】根据题意,要删除链表的重复结点,只保留第一个,必须从链表的第一个结点开始循环,deletelist()函数中的第一层循环表示访问链表所有结点,内层循环用来判断后面的结点是否与当前结点的值重复,如果有就删除,直到所有的结点都被访问。在本题中typedef 为结构体定义别名,根据给出的程序,第 1 空填写 POINT;p 指针用来循环访问链表中的所有结点,所以 p 的初值指向链表的第 1 个结点,因此第 2 空为 head;p1 的功能是在每访问一个 p 时,顺序扫描从 p 之后到链表尾部的所有结点,p2 为 p1 之后的一个结点,如果 p2 - > x = p - > x,则删除 p2 指向的结点,此时 p1 - > next = p2 - > next,所以第 3 空为p2 - > next,第 4 空为 p - > next,表示扫描链表的下一个结点。

＊知识点 5:带头结点的链表的常用算法

【题目】以下函数 create_list 用来建立一个带头结点(结点包含一个字符型的数据)的单向链表,新产生的结点总是插在链表的末尾。单向链表的头指针作为函数的返回值,请填空。

```
# include < stdio. h >
struct node{char data;
            struct node * next;
            };
struct node * create_list()
{   struct node * h, * p, * q;
    char ch;
    h = _____(1)_____malloc(sizeof(struct node));
    p = q = h;
    ch = getchar();
```

```
    while(ch! = '?')
    {   p = (struct node * )malloc(sizeof(struct node));
        p - > data = ch;
        q - > next = p;
        q = p;
        ch = getchar();
    }
    p - > next = '\0';
        _____(2)_____;
}
```

【答案】(1) (struct node *)　(2) return h

【解析】本题是建立一个有头结点的单向链表,先建立头结点,然后从头结点开始,不断插入新的结点,每次插入的结点都链接到链表的尾部。程序中的 h 指向头结点,p 指向当前新加入的结点,q 指向尾结点。程序先申请一个结构体内存空间用来存放由指针 h 指向的头结点,此结点的 data 不赋值,next 用来存放下一个结点的地址,此时头结点、当前结点、尾结点均是同一个结点,然后进入循环。在循环中,每申请一个结点就链接到链表的尾部,然后新加入的结点称为新的尾结点。本题中,第 1 空用于动态申请一个结构体内存空间,存放头结点,因此填写(struct node *);第二空用于返回头指针,应填 return h。

三、练习题及答案

1. 为了建立如图所示存储结果,data 为数据区,next 指向结点的指针域,请填空:

```
    struct link
    {   char data;
        _____;
    }
```

2. 以下函数的功能是输出链表中所有结点的数据,形参指针 h 是链表的首指针。请填空。

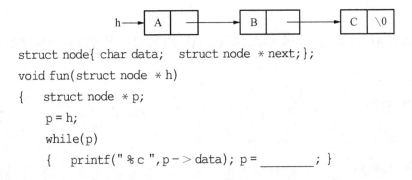

```
struct node{ char data;   struct node * next;};
void fun(struct node * h)
{   struct node * p;
    p = h;
    while(p)
    {   printf("% c ",p - > data); p = _____; }
```

```
            printf("\n");
    }
```

3. 已知一个单向链表结点的数据结构定义如下：

```
typedef struct point
{   int x;
    struct point * next;
}POINT;
```

函数 create 的功能是：找出 p 指向的单向链表中数据值只出现一次的结点，将这些结点依次复制链接到 q 链表，函数返回 q 链表首结点的地址。

```
POINT * creat(POINT * p)
{   POINT * q = NULL,  * qr, * p0, * p1, * p2;   int c;
    p0 = _____(1)_____ ;        /* p0 指向 p 链表首结点 * /
    while(p0! = NULL)
    {   c = 0;
        p1 = p;      /* p1 指向 p 链表首结点 * /
        while(p1! = NULL)
            {   if(p1 - > x = = p0 - > x)c + + ;
                p1 = _____(2)_____ ;
            }
        if(c = = 1)
        {   /* 将 p0 指向的结点中数据复制到 p2 指向的结点, 将 p2 指向的结
               点链入 q 链表 * /
            p2 = ( POINT * )malloc(sizeof(POINT));
            p2 - > x = p0 - > x;
            if(q = = NULL)     q = qr = _____(3)_____ ;
             else  {   qr - > next = p2;   qr = p2;   }
        }
        p0 = p0 - > next;
    }
    qr - > next = _____(4)_____ ;
    return q;
}
```

4. 已知 head 指向单向链表的第一个结点，以下函数 del 完成从单向链表中删除值为 num 的第一个结点。

```
# include < stdlib. h >
# include < stdio. h >
struct node {
    int data;
    struct node * next;
```

```
};
struct node * del(struct node * head, int num)
{   struct node * p1, * p2;
    if(head == NULL)
        printf("\nlist null!\n");
    else
    {
        p1 = p2 = head;
        while(_____(1)_____)
        {
            p2 = p1; p1 = p1 -> next;
        }
        if(num == p1 -> data)
        {   if(p1 == head)_____(2)_____;
            else
            _____(3)_____;
            free(p1);
            printf("delete: % d\n", num);
        }
        else printf(" % d not been found! \n", num);
    }
    return head;
}
```

5. 有以下程序

```
# include < stdio. h >
# include < stdlib. h >
void fun(int * p1, int * p2, int * s)
{   s = (int * )malloc(sizeof(int));
    * s = * p1 + * p2;
    free(s);
}
int main()
{   int a = 1, b = 40, * q = &a;
    fun(&a, &b, q);
    printf(" % d\n", * q);
    return 0;
}
```

程序运行后的输出结果是_____。

A) 42   B) 0   C) 1   D) 41

6. 设有以下语句：

```
struct st {
    int a;
    struct st * next;
};
static struct st b[3] = {5,&a[1],7,&a[2],9,0}, * p;
p = &b[0];
```

则值为 6 的表达式是_____。

A) p++->a 　　　　　B) p->a++ 　　　　　C) (*p).a++ 　　　　D) ++p->a

7. 假定已建立以下链表结构,且指针 p 和 q 指向如图所示的结点：

则以下选项中可将 q 所指结点从链表中删除并释放该结点的语句组是_____。

A) p->next = q->next;　free(q);　　　　B) p = q->next;　free(q);

C) p = q;　free(q);　　　　　　　　　　　D) (*p).next = (*q).next;　free(p);

8. 有以下结构体说明、变量定义和赋值语句

```
struct STD
{   char name[10];
    int   age;
    char sex;
} s[5], * ps; ps = &s[0];
```

则以下 scanf 函数调用语句有错误的是_____。

A) scanf("%s",s[0].name);　　　　　　　B) scanf("%d",&s[0].age);

C) scanf("%c",&(ps->sex));　　　　　　D) scanf("%d",ps->age);

第 11 章 数据文件的使用

一、本章知识点

1. C 语言文件的概念
2. 文件类型指针
3. 文件的打开与关闭
4. fgetc 函数、fputc 函数和 feof 函数
5. fgets 函数和 fputs 函数
6. fscanf 函数和 fprintf 函数
*7. fread 函数和 fwrite 函数
*8. getw 函数和 putw 函数
*9. 文件读写位置指针的定位
*10. 文件的随机读写

二、例题、答案和解析

知识点 1:C 语言文件的概念

【题目】下列关于 C 语言文件的叙述中正确的是_____。

A) 文件是由一系列数据依次排列组成,只能构成二进制文件

B) 文件是由结构序列组成,可以构成二进制文件或文本文件

C) 文件是由数据序列组成,可以构成二进制文件或文本文件

D) 文件是由字符序列组成,其类型只能是文本文件

【答案】C

【解析】C 语言中,文件是由数据序列构成,可以是字符流也就是文本文件构成,也可以是二进制文件。

知识点 2:文件类型指针

【题目】下面选项中关于"文件指针"概念的叙述正确的是_____。

A) 文件指针是程序中用 FILE 定义的指针变量

B) 文件指针就是文件位置指针,表示当前读写数据的位置

C) 文件指针指向文件在计算机中的存储位置

D) 把文件指针传给 fscanf 函数,就可以向文本文件中写入任意的字符

【答案】A

【解析】C 语言中,文件指针是一个指向 FILE 类型的结构体变量的指针,该结构体变量中包含了待操作文件的信息,如文件名、文件数据流的读写位置。通过文件指针可以读写与它相关联的文件,这种关联是 fopen 函数建立的。

知识点 3：文件的打开与关闭

【题目】有以下程序

```
# include < stdio. h >
int main( )
{   FILE   * f;
    f = fopen("file.txt","w");
    fprintf(f,"abc");
    fclose(f);
    return 0;
}
```

若文本文件 file. txt 中原有内容为：hello，则运行后，文件 file. txt 中的内容为_____。

A) abclo　　　　　　B) abc　　　　　　C) helloabc　　　　　D) abchello

【答案】B

【解析】C 语言中文件的打开方式用"W"，表示只能向该文件进行写入操作。若打开的文件不存在，则以指定的文件名建立该文件；若打开的文件已经存在，则将该文件删除，重建一个新的文件。所以本题中，原有文件会被删除，建立新的同名文件，写入的内容为"abc"。

知识点 4：fgetc 函数、fputc 函数

【题目】以下程序依次把 f1 文件内容拷贝到 f2 文件中，则横线处应填_____。

```
# include < stdio. h >
int main()
{   FILE * fp1, * fp2; char ch;
    fp1 = fopen( "f1.dat", "r" );
    fp2 = fopen("f2.out","w")
    while( ( ch = fgetc(fp1)) ! = EOF ) fputc( _____ );
    fclose(fp1);
    fclose(fp2);
}
```

A) ch, "fname"　　　B) fp2, ch　　　　C) ch　　　　　　D) ch, fp2

【答案】D

【解析】函数 fgetc( )的功能是从指定的文件中读入一个字符，该文件必须以读的方式打开，若执行 fgetc( )函数字符遇到文件结束符，函数将返回文件结束标志 EOF(－1)；fputc( )的功能是把一个字符写到磁盘文件中，其调用格式为：fputc(ch,fp2)，其中 ch 为待输出的字符，fp2 为文件指针变量。

知识点 5：gets 函数和 fputs 函数

【题目】以下程序将从键盘输入的若干行信息写到文本文件 file. txt 中，请填空。

```
# include < stdio. h >
# include < string. h >
# include < stdlib. h >
```

```
int main()
{   FILE * fp;
    char fname[ ] = "file. txt",line[80];
    if ((fp = fopen(fname,"w")) == NULL)
    {   printf("Can't open the file\n"); exit(0);}
    while(strlen(gets(line))> 0)      /* A * /
    {   _____ ;
        fputs("\n",fp);
    }
    fclose(fp);
    return 0;
}
```

【答案】fputs(line,fp)

【解析】fgets 函数和 fputs 函数用于读写一行字符串,程序 A 行中 gets 函数从键盘中读入一行字符,输入时<Enter>键表示一行输入结束,但它本身不被输入;如果键盘输入非空行则写入文件,如果输入空行则结束循环。

知识点 6:fscanf 函数和 fprintf 函数

【题目】有以下程序:

```
# include < stdio. h >
int main( )
{   FILE   * fp; int a[10] = {1,2,3}, i, n;
    fp = fopen("d1. dat", "w");
    for (i = 0; i < 3; i++)  fprintf(fp, " % d",a[i]);
    fprintf(fp,"\n");
    fclose(fp);
    fp = fopen("d1. dat", "r");
    fscanf(fp," % d", &n);
    fclose(fp);
    printf(" % d\n", n);
    return 0;
}
```

程序的运行结果是_____。

A) 321　　　　　　B) 12300　　　　　　C) 1　　　　　　D) 123

【答案】D

【解析】fprintf()、fscanf()函数和 print()、scanf()函数功能类似,都是格式化写、读数据,不过前者是针对磁盘文件,后者是针对显示器和键盘。在本题中,第一个 for 循环把数组的前三个数据写入到 fp 指向的文件中,形式为 123,当用读方式打开此文件时,读入的数据是 123 的整型格式,所以输出 123。

* 知识点 7：fread 函数和 fwrite 函数

【题目】有以下程序

```c
#include <stdio.h>
int main()
{   FILE *fp;
    int a[10] = {1,2,3,0,0}, i;
    fp = fopen("d2.dat", "wb");
    fwrite(a, sizeof(int), 5, fp);
    fwrite(a, sizeof(int), 5, fp);
    fclose(fp);
    fp = fopen("d2.dat", "rb");
    fread(a, sizeof(int), 10, fp);
    fclose(fp);
    for (i = 0; i < 10; i++)
        printf("%d,", a[i]);
    return 0;
}
```

程序的运行结果是_____。

A) 1,2,3,0,0,0,0,0,0,0,   B) 1,2,3,1,2,3,0,0,0,0,
C) 123,0,0,0,0,123,0,0,0,0,   D) 1,2,3,0,0,1,2,3,0,0,

【答案】D

【解析】fread( )和 fwrite( )函数用于二进制文件的读写,读数据块的一般格式为:fread(buffer, size, count, fp);写数据块的一般格式为:fwrite(buffer, size, count, fp);其中,buffer 是一个指针,表示读入或输出数据的首地址,size 表示数据块的字节数,count 表示读写数据块的块数,fp 表示文件指针。在本题中 fwrite 两次调用,其写数据到文件的首地址都是数组名,表示每次都是从数组的起始地址开始,5 个元素,所以数据 a 的前 5个元素被写两次,然后通过 fread 读入被写到文件中的数据,所以答案选 D。

* 知识点 8：getw 函数和 putw 函数

【题目】将数组的各个元素用 putw 输出到二进制文件中,然后从该文件读入刚写出的数据到数组 b 中,输出数组 b 的各元素值。请填空。

```c
#include <stdio.h>
#include <stdlib.h>
int main()
{   int i,a[] = {1,2,3,4,5,6,7,8},b[8];
    FILE *fp;
    if ((fp = fopen("data.dat","wb")) == NULL)
    {   printf("Can't open data.dat!\n"); exit(1);}
    for (i = 0;i < 8;i++)
```

```
              (1)              ;
    fclose(fp);
    if ((fp = fopen("data.dat", "rb")) == NULL)
    {   printf("Can't open data.dat!\n"); exit(2);}
    for (i = 0; i < 8; i++)
              (2)              ;
    fclose(fp);
    for (i = 0; i < 8; i++)
        printf("%3d", b[i]);
    return 0;
}
```

【答案】(1) putw(a[i], fp)或 fwrite((char *)&a[i], sizeof(int), 1, fp);

(2) b[i] = getw(fp)或 fread((char *)&b[i], sizeof(int), 1, fp);

【解析】getw(FILE * fp)函数的功能是从 fp 指定的二进制文件中读入一个整数,作为函数的返回值;putw(int w, FILE * fp)函数的功能是将一个整数写到文件指定的二进制文件中。此题中,第一个空表示把数组元素从内存写到二进制文件中;第二空一次将整数的内存映像读入到数组 b 中,也可以分别用 fwrite()和 fread()函数实现。

✳ 知识点 9:文件读写位置指针的定位

【题目】有以下程序

```
#include < stdio.h >
int main( )
{   FILE * fp;
    int i, a[6] = {1,2,3,4,5,6}, k;
    fp = fopen("data.dat", "wb+");
    for (i = 0; i < 6; i++)
    {   fseek(fp, 0L, 0);
        fwrite(&a[5 - i], sizeof(int), 1, fp);
    }
    rewind(fp);
    fread(&k, sizeof(int), 1, fp);
    fclose(fp);
    printf("%d", k);
    return 0;
}
```

则程序的输出结果是_____。

A) 6　　　　　　　　B) 1　　　　　　C) 123456　　　　D) 21

【答案】B

【解析】移动文件内部位置指针函数 rewind()和 fseek()函数,rewind 函数的一般格式为:rewind(文件指针),其功能是把文件内部的位置指针移到文件首;fseek 函数用来移动文件内部位置指针,其一般格式为:fseek(文件指针,位移量,起始点);其中位移量表示移动的字节数,起始点表示从何处开始计算位移量,规定文件的起始点有 3 个:文件首、当前位置和文件尾部,分别用 0,1,2 表示,其对应的符号常量为:SEEK_SET,SEEK_CUR 和 SEEK_END。在本题中,每次循环都调用 fseek(fp,0L,0),每次写数据前,把文件定位指针移动到文件的首部,然后再写文件,每次写数组的一个元素,其含义为,每次写数据时,覆盖前一次写的结果,所以文件最后一次写的数据为文件内容,即 a[0]。

* 知识点 10:文件的随机读写

【题目】以下程序的功能是:从二进制文件 file.dat 中先后读出第六条记录和第一条记录,并把记录信息显示在屏幕上。请填空。

```
# include < stdio. h >
# include < stdlib. h >
int main( )
{    struct student{
     char name[20];
     int age;
     char sex;
   } stud;
   FILE  * fp;
        (1)         ;
   if((fp = fopen("file. dat", "rb")) == NULL)
   {    printf("cannot open file1\n");exit(1);
   }
   fread(&stud, sizeof(struct student), 1, fp);
       printf("\nThe sixth record; % s, % d, % c", stud. name, stud. age, stud. sex);
        (2)         ;
   fread(&stud, sizeof(struct student), 1, fp);
   printf("\nThe first record; % s, % d, % c", stud. name, stud. age, stud. sex);
   fclose(fp);
   return 0;
 }
```

【答案】(1) fseek(fp, 5 * sizeof(struct student), SEEK_SET)(2) rewind(fp)

【解析】程序中用"rb"的方式打开文件,用读数据块的方式读入数据,由于先读第六个记录,再读第一个记录,因此采用随机读取的方式,必须对文件精确定位。本题两个空都是对文件定位,第一个空定位第六条记录,因此填入 fseek(fp, 5 * sizeof(struct student), SEEK_SET);其中 SEEK_SET)可以写成 0,sizeof(struct student)可以换成 sizeof(stud),因为第二空定位第一条记录,因此第二空可以填 fseek(fp, 0L, SEEK_SET)或 rewind(fp)。

三、练习题及答案

1. 不仅可将 C 源程序存在磁盘上,还可将数据按数据类型分别以_____的形式存在磁盘上。

A) 内存　　　　　　B) 缓冲区　　　　　　C) 文件　　　　　　D) 寄存器

2. 以下程序首先由键盘输入一个文件名,然后把从键盘输入的字符依次存放到该文件中,用"#"作为结束输入的标志,请填空。

```
# include < stdio. h >
int main( )
{   FILE * fp;
    char ch, fname[20];
    printf("Input the name of fine\n");
    gets(fname);
    if ((fp = _____(1)_____) = = NULL)
    {
        printf("Can't open the file\n"); exit(0);
    }
    printf("Enter data\n");
    while((ch = getchar())! = '#')
        fputc(_____(2)_____, fp);
    fclose(fp);
    return 0;
}
```

3. 若执行 fopen 函数发生错误,则函数的返回值是_____。

A) 地址值　　　　　B) 1　　　　　　　　C) EOF　　　　　　D) NULL

4. 当执行 fclose 函数时,如果执行成功,则其返回值为_____。

A) 1　　　　　　　　B) 0　　　　　　　　C) - 1　　　　　　D) True

5. 设文件指针 fp 已定义,执行语句 fp = fopen("file","w");后,以下针对文本文件 file 操作叙述的选项中正确的是 _____。

A) 只能写不能读　　　　　　　　B) 写操作结束后可以从头开始读

C) 可以在原有内容后追加写　　　D) 可以随意读和写

6. 以下叙述中错误的是_____。

A) gets 函数用于从终端读入字符串

B) getchar 函数用于从磁盘文件读入字符

C) fputs 函数用于把字符串输出到文件

D) fwrite 函数用于以二进制形式输出数据到文件

7. 有以下程序

```
# include < stdio. h >
int main( )
```

```
{   FILE * pf;
    char * s1 = "China",  * s2 = "Beijing";
    pf = fopen("abc.dat","wb + ");
    fwrite(s2,7,1,pf);
    rewind(pf);
    fwrite(s1,5,1,pf);
    fclose(pf);
    return 0;
}
```

以上程序执行后 abc.dat 文件的内容是_____。

A) China   B) Chinang   C) ChinaBeijing   D) BeijingChina

第三部分

C 语言课程设计

课程设计总体要求

一、设计总时数为 16 小时

二、题目选择及完成要求

可供选择的题目有三个

1. 简单数学问题(难度等级 B)
2. 多功能计算器(难度等级 A/B)
3. 成绩管理系统(难度等级 A)

每个题目的实现所采用的数据结构不同,难度等级也不同,同学可任选其中一题进行设计。在设计时,请参照已实现的可执行程序的用户界面和程序功能。教师会共享可执行程序给学生。

同学必须首先完成后续给出的"菜单设计练习",然后进入正式的设计与编程工作。仿照给出的程序,完成自己的菜单及主控程序的设计。

按照任课教师要求,可以一个同学独立完成,亦可几个同学一组合作完成。

难度等级和得分说明:课程设计总分为 100 分。第 1 题难度为 B。第 2 根据完成内容的多少分 A 和 B 两个等级,第 3 题难度等级为 A。任课老师会给出较详细的得分规则。

三、课程设计报告要求

请按照教师指定的方法提交课设报告,报告内容可参考下述几点:

1. 给出程序的总体功能,以及各选项的功能。
2. 如有新增加的功能,应给出所增加功能的设计说明。
3. 给出程序使用的主要数据结构。
4. 给出从 main 函数开始的函数之间的调用关系图。
5. 精选 2~3 个主要算法,给出算法的实现流程图,如排序算法、插入算法等。
6. 提供有注释的源程序。要求注释清楚函数的功能、函数参数及返回值的含义。
7. 提供典型测试数据组,含输入数据与输出结果。不允许拷贝执行结果窗口,只能是文字的输入输出结果。
8. 若多个同学合作完成课设,课设报告也必须每个同学独立提交,并在课设报告中注明同组成员。

四、课程设计考核

按照教师指定的方法考核,可能有以下几种方式:

1. 采用上机考试的方式,教师随机选择课设中的部分函数构成完整程序进行上机编程考试。

　2. 采用面试方法对每位同学的课程设计进行考核，面试时对课程设计程序中的任何部分都可能提问，或要求同学现场修改程序。

五、其他提示

　1. 课设报告按老师要求，提交电子文档。课设报告电子版必须符合编辑排版要求，简单的要求例如正文使用五号字，每段首行缩进 2 个字符，内容标题要有层次等。

　2. system()系统库函数的使用提示，应包含头文件"cstdlib"

system("cls");　　　功能：清屏

system("pause");　　功能：暂停程序执行，按任意键后继续执行

菜单设计练习

一、菜单内容

    1. Function1

    2. Function2

    3. Function3

    0. Goodbye!

    Input 1-3,0：

二、菜单设计要求

用数字1~3来选择菜单项,用数字0来退出程序的执行,其他输入不起作用。

三、菜单实现程序清单

```c
#include <stdio.h>
#include <stdlib.h>
#include <ctype.h>
int menu_select();
int main()
{
    for( ; ; )
    {
        switch(menu_select())
        {
            case 1:
                printf("Function1\n");  /* 可替换此行为处理函数的调用 */
                system("pause");
                break;
            case 2:
                printf("Function2\n");  /* 可替换此行为处理函数的调用 */
                system("pause");
                break;
            case 3:
                printf("Function3\n");  /* 可替换此行为处理函数的调用 */
                system("pause");
                break;
```

```
            case 0:
                printf("Goodbye! \n");
                system("pause");
                exit(0);
        }
    }
    return 0;
}
int menu_select()
{
    char c;
    do {
        system("cls");  /*  清屏  * /
        printf("1. Function1\n");
        printf("2. Function2\n");
        printf("3. Function3\n");
        printf("0. Goodbye! \n");
        printf("Input 1 - 3, 0: ");
        c = getchar();
    } while(c < '0' || c > '3');
    return(c - '0');
}
```

选题一:简单数学问题(难度等级 B)

一、程序功能

实现多个简单数学问题的求解。

二、课程设计要求

菜单内容

1. FindNum

2. FindRoot

3. Detective

4. Monkey

5. Diamond

6. Calculator

0. Goodbye!

Input 1－6,0:

与菜单项对应的功能设计及函数原型

1. FindNum

函数原型:void FindNum();

一只老鼠咬坏了账本,公式中的符号□代表被老鼠咬掉的地方。要想恢复下面的等式,应在□中填上哪个相同的数字?

3□＊6237＝□3＊3564

提示:使用穷举法找到该数字。

2. FindRoot

函数原型:void FindRoot();

要求编制一个求方程 $ax^2+bx+c=0$ 的根的程序。一次可以求解多个方程的根,采用循环结构,当次循环输入一个方程的系数 a、b 和 c,输出求出的根。求解时考虑四种情况:① 系数 a 为 0,不是二次方程。② 方程有两个不同的实根。③ 方程有两个相同的实根。④ 方程有两个虚根。

3. Detective

函数原型:void Detective();

这是一道侦探题。一辆汽车撞人后逃跑。4 个目击者提供如下线索:

甲:牌照三、四位相同;　　　乙:牌号为 31XXXX;

丙:牌照五、六位相同;　　　丁:三～六位是一个整数的平方。

为了从这些线索中求出牌照号码,只要求出后四位再加上 31000 即可。这四位又是前两位相同,后两位也相同,互相又不相同并且是某个整数的平方的数。可以仍然使用穷举法,利用计算机的计算速度快的特点,把所有可能的数都试探一下,从中找出符合条件的数。

对于后面的 4 位数,因为 1000 的平方根> 31,所以穷举时不需从 1 开始,而是从 31 开始寻找一个整数的平方。

4. Monkey

函数原型:void Monkey();

猴子吃桃问题。猴子第一天摘下若干个桃子,当即吃了一半,还不过瘾,又多吃了一个。第二天早上又将剩下的桃子吃掉一半,又多吃一个。以后每天早上都吃了前一天剩下的一半再加一个。到了第 10 天早上再吃时,就只剩一个桃子了。求第一天共摘多少桃子。

这里可以采用递推算法,设第 10 天的桃子数是 x=1,则第九天的桃子数为(x+1) * 2。共递推 9 次就可以得到第 1 天猴子所摘桃子数。

可将问题拓展为,第 n 天的桃子数为 1,求第一天共摘了多少桃子。

5. Diamond

函数原型 1:void Diamond();　/* 此函数调用 Print_Diamond()函数　*/

函数原型 2:void Print_Diamond(int lines);　/* 输出 lines 行钻石图形 */

本题要求编制打印以下图案的程序,要求任意输入行数(必须为奇数),图案被打印在屏幕的中心。例如行数为 7 的钻石图案如下:

```
      *
     * * *
    * * * * *
   * * * * * * *
    * * * * *
     * * *
      *
```

算法提示:通过观察图案组成的特点,可以把它分成两个部分:上面 4 行和下面 3 行,上面按行数递增,下面部分按行数递减。欲将图案输出在屏幕中心,通过计算可知每一行的左边应该有多少空格。在此基础上,对图案的上半部分第 i 行(i=1,2,3,4),先输出 i 个空格,然后输出 2i-1 个星号 *。下半部分如何输出,请自行思考。

6. Calculator

函数原型:void Calculator ();

请实现一个简单计算器。实现两个整数简单的加减乘除四则运算(假定除法为整除)。输入数据在文件 express.txt 中,计算结果写入另一个文件 result.txt,内容如下图所示:

express.txt　　　　　　　　result.txt

1 + 2
3 - 6
4 * 9
9/2

1 + 2 = 3
3 - 6 = - 3
4 * 9 = 36
9/2 = 4

算法提示:打开数据文件 express.txt,按顺序依次读入每行表达式中的两个运算量和一个运算符,根据运算符确定执行的是哪一种运算,计算后将结果在屏幕上显示,同时写入结果数据文件 result.txt。

0. Goodbye!

结束程序运行。

选题二:多功能计算器(难度等级 A/B)

一、程序功能

实现多功能计算器,能在对应位置完成输入和输出显示,并且进行适当的错误检测。程序分成两个难度等级,等级 B 最高得分"良好",等级 A 最高得分"优秀",两个难度等级的程序功能要求如下:

1. 等级 B:实现二进制、十进制、十六进制整数计算器,能进行二进制、十进制、十六进制整数的 '+'、'一'、'*'、'/' 四则运算,计算表达式为规整的 a op b 的形式,不考虑连续运算和括号。要求数据的输入输出都以相应进制数进行显示,并且能对不合法的输入进行判定和处理。

2. 等级 A:实现十进制浮点数的 '+'、'一'、'*'、'/' 连续四则运算,并能够对括号的嵌套进行正确解析,能够解析"减号"和"负号",例如:6 * (−1−2)+7 * (3−(2−1)),程序功能要求具有通用性,计算表达式的形式和长度原则上不受限制。

二、课程设计要求和主要函数

1. 通用要求和函数

(1) 在指定位置输出

函数原型:void gotoxy(int x, int y);

函数功能:在指定的位置输出内容。

#include < windows. h >

```
/********************************** /
/* gotoxy(x, y)函数,在指定位置打印输出 * /
/**********************************/
void gotoxy(int x, int y)
{
    COORD coord = {x, y};
    SetConsoleCursorPosition(GetStdHandle(STD_OUTPUT_HANDLE), coord);
}
```

以上函数的功能为在指定位置进行输出,需要包含头文件 windows. h,COORD 是 Windows API 中定义的一种结构,表示一个字符在控制台屏幕上的坐标。其定义为:

```
typedef struct _COORD
{
    SHORT X;  //horizontal coordinate
    SHORT Y;  //vertical coordinate
} COORD;
```

使用时直接将 gotoxy(int x, int y) 函数代码拷贝至源文件，在需要时正常调用即可。其中第一个参数 x 表示横坐标，第二个参数 y 表示纵坐标，输出屏幕的左上角为坐标系原点 (0,0)，例如需要在坐标(1,10)处输出"OK!"，程序书写如下：

```
gotoxy(1,10);
printf("OK!");
```

（2）结束界面

计算器运算程序结束后，进入"结束界面"，请在该界面标明学号姓名，格式如下：

```
##############################
#                            #
#---------谢谢使用----------#
#                            #
##############################
```
　　　　　　　　　　　　　　　　　　—XXXXXX制作

2. 难度等级 B 要求和函数

程序运行主菜单如下：

```
##############################
#                            #
#            请选择           #
#                            #
#       1、十进制计算         #
#       2、二进制计算         #
#       3、十六进制计算       #
#       0、退出               #
#                            #
##############################
```
　　　　　　　　　　　　　　　　　　—XXXXXX制作

选择"1"进入十进制整数计算器，选择"2"进入二进制计算器，选择"3"进入十六进制计算器，选择"0"进入结束界面。可以自主增加其他进制数的计算器。

（1）十进制计算器

选择"1"进入十进制整数计算器功能，计算器界面如下图：

左侧显现十进制整数计算器主要按键，右侧提示计算器功能以及输入形式，通过键盘输入后，要求能够将输入的内容显示在图中箭头所指位置，按回车执行计算，计算后的结果也

显示在图中箭头所指行,如下图:

并且在界面右侧进行是否需要进入下一轮计算的提示,输入"1"刷新十进制整数计算器主界面,进入下一轮十进制计算;输入"0"退出,返回难度等级 B 程序主菜单,以便进行其他进制数计算器的选择。

主要使用函数有:

函数原型:void print_deccal(),函数功能为打印十进制计算器界面;

函数原型:void dec(),函数功能为进行十进制整数运算。

(2) 二进制计算器

选择"2"进入二进制计算器功能,计算器界面如下图:

左侧显现二进制计算器主要按键,右侧提示计算器功能以及表达式输入形式,通过键盘输入后,要求能够将输入的内容显示在图中箭头所指位置,按回车键执行计算,后续逻辑流程与十进制整数计算器类似,不再累述。

主要使用函数有:

函数原型:void print_bincal(),函数功能为打印二进制计算器界面;

函数原型:void bin(),函数功能为进行二进制计算。

(3) 十六进制计算

选择"3"进入十六进制计算器功能,计算器界面如下图:

本计算器能够进行16进制以下运算:

　+,−,×,/

输入所要经计算的表达式
如:F1+B3

左侧显现十六进制计算器主要按键,右侧提示计算器功能以及输入形式,通过键盘输入后,要求能够将输入的内容显示在图中箭头所指位置,按回车键执行计算,后续逻辑流程与十进制整数计算器类似,不再累述。

主要使用函数有:

函数原型:void print_hexcal(),函数功能为打印十六进制计算器界面;

函数原型:void hex(),函数功能为进行十六进制计算。

(4) 退出

选择"0"退出多进制数计算器,调出结束界面(详见"通用功能"中关于"结束界面"的要求)。

3. 难度等级 A 要求和函数

程序要求实现十进制浮点数的连续四则运算,可以对括号的嵌套进行解析和处理,对不合法输入进行判定,能够正确区分负数中的"负号"和四则运算中的"减号",计算器主界面如下图:

本计算器能够进行10进制数
+,−,×,/,()的连续运算

输入所要计算的表达式
如:a*b/(c−d)

要求输入的运算表达式能够在上图箭头所指行显示,按下回车键后进行计算,计算结果保留两位小数,也显示在箭头所指行,如下图:

同时在右侧提示是否要继续计算,输入"1"刷新本计算器主界面进行下一轮表达式的输入和计算;输入"0"退出当前计算器,调出结束界面(详见"通用功能"中关于"结束界面"的要求)。

解析连续四则运算和嵌套括号,需要用到字符串拆解组合、运算符优先级设置、堆栈(用数组模拟实现)以及后缀表达式等知识,涉及的主要函数提示如下:

(1) 字符串预处理函数

函数原型:void zhuanhuan(char g[ ],char e[ ]);

函数功能:输入的算术表达式以字符串的形式存放,该函数对字符串进行第一轮预处理,其主要功能是区分负号和减号,其中 g 为输入字符串,e 为转化后的输出字符串。

提示:如表达式 $3*(-1+2)$,用该函数转化为 $3*(0-1+2)$,以方便后续可利用四则运算规则统一处理计算。

(2) 中缀表达式转后缀表达式

函数原型:void postfix(char e[ ],char f[ ]);

函数功能:将中缀表达式转化为后缀表达式,该函数内部需要使用到"判定一个字符是否为运算符",以及"运算符优先级"的函数,这两个函数的提示见下文(3)(4),本函数中 e 为输入的中缀表达式字符串,f 为输出的后缀表达式字符串。

提示:形如 $3*4$ 的表达式为中缀表达式,其运算符 * 在两个操作数中间,所以后缀表达式则意味着其运算符在操作数之后,所以 $3*4$ 转换为后缀表达式为 $34*$;再比如 $3*(2+4)$ 的后缀表达式为 $324+*$;在后缀表达式的生成过程中,隐含了对嵌套括号的处理,并且由于目前的表达式为字符串形式,所以在该函数解析过程中要将不同操作数之间用空格隔开,以方便后续将字符串形式的操作数转化成实际可计算的数值型操作数,故上述后缀表达式的最终输出应该为 $3\ 2\ 4+*$。

(3) 判定一个字符是否为四则运算算符

函数原型:int is_operation(char op);

函数功能:判定输入的字符参数 op 是否为 '＋'、'－'、'＊'、'/' 中的一个,是则返回 1,否返回0。

（4）设置运算符优先级

函数原型：int priority(char op)；

函数功能：设置'＋'、'－'、'＊'、'/'、'＝'的运算优先级。

（5）计算后缀表达式

函数原型：double evalpost(char f[ ])；

函数功能：计算后缀表达式的值，参数f为待计算的后缀表达式字符串，函数返回值为运算结果。

提示：因为后缀表达式是以字符串形式存储和传递的，因此在运算中需要将字符串形式的操作数转化为真实的数值型数据方可进行运算，此处需要使用到的转化函数提示见下文（6）。

（6）字符串操作数转化为数值型操作数

函数原型：double readnum(char f[ ], int ＊i)；

函数功能：将参数f所传递的字符串形式的后缀表达式从i所记录的位置开始进行数值转换，遇到数字字符或小数点继续转换数值，否则结束转换，获取到一个完整的浮点操作数数值，该数值由函数返回值传递给主调函数。

提示：该函数的转化过程中，当读取到数字字符以及小数点时正常进行转化，因此不同操作数之间必须有其他字符进行间隔，否则本函数无法区分一个操作数是否已经读取转化完毕，所以在函数(2)中提示的利用空格来间隔运算数的操作非常重要。

以上6个主要函数之间的调用关系示意图如下：

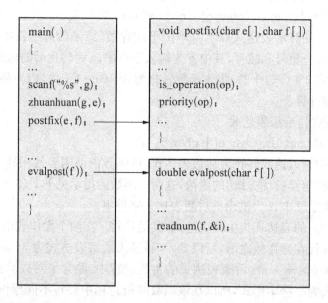

选题三:成绩管理系统(难度等级 A)

一、系统功能

成绩管理系统要求实现学生成绩管理的基本功能,包括学生、课程、成绩信息的录入、删除、查找和导入/导出等。学生信息的属性包括学号、姓名、性别和年龄,课程信息包括课号、课名和学分属性,选课信息包括学号、课号和成绩属性。

功能要求:

1. 装入:从指定的文件或默认的文件中导入学生信息、课程信息以及选课信息,并创建成绩单。

2. 显示:分屏显示系统中所有学生信息、课程信息、成绩信息。

3. 输入:通过键盘输入学生记录或课程记录或选课记录到成绩管理系统中。

4. 删除:删除一条已经存在的学生记录或课程记录或选课记录。

5. 查找:根据用户输入的属性值查找符合条件的学生信息或课程信息或成绩信息。

```
1. 导入初始数据
2. 显示信息
3. 输入记录
4. 删除记录
5. 查询信息
6. 批量导出数据
0. 退出
请给出你的选择:
```

6. 输出:把当前所有的学生信息、课程信息、选课信息以及学生的成绩单全部输出到指定的文件中。

程序执行过程:循环显示主菜单,用户在"请给出你的选择:"后面输入选项,即按照功能列表输入数字 0~6 中的任意数字,按回车后,执行相应的功能。请参照前面"菜单设计练习"的要求建立右图所示主菜单结构。

二、菜单功能

1. 导入初始数据

从指定的文件或默认的文件中导入学生信息、课程信息、选课信息,并根据选课记录以及课程的学分创建成绩单,计算加权平均分,再按照平均分的高低排序。

2. 显示信息(显示所有记录)

按学号升序顺序显示所有学生记录,每屏显示 10 条记录,每显示 10 条记录,按任意键继续显示下一屏;按课程号升序显示课程记录,按平均成绩降序显示成绩单。

3. 输入记录(具有修改功能)

从键盘输入学生信息或课程信息或选课信息,增加新的记录。每输入一条记录都检测是否已经存在该记录,如果已经存在则提示是否替换,否则直接增加记录。每输入完一条记录都要提示是否继续输入下一条记录,根据输入决定是否继续操作。

4. 删除记录(逐条记录确认)

根据输入的学生姓名或者课程名称,删除相关学生或课程具体记录,如果有多条满足条件的记录,则逐一确认是否删除。

5. 查询信息

输入学号或姓名查询学生相关信息,输入课程号或课程名查询课程相关信息,或者根据学号查询该学生的选课信息和成绩单及排名情况。

6. 批量导出数据

把当前所有的学生信息、课程信息、选课信息以及学生的成绩单全部输出到磁盘文件中,文件名以时间字符串命名。

0. 退出

结束程序运行,退出成绩管理系统程序。

上述 7 个主菜单选项中的显示、输入、删除以及查询功能都包含 3 个子功能,运行时给出对应的下一级子菜单选项,根据输入的选择,调用相关的函数。

三、本课设基本要求

1. 数据结构

用结构体数组实现成绩信息的记录和管理。

(1) 每个学生数组元素为一个结构体变量,结构如下:

```
typedef struct
{    char xh[10];  //学号
     char xm[20];  //姓名,10 个汉字以内
     char xb[3];   //性别,只能保存一个汉字
     int nl;       //年龄
}Student;
```

(2) 每一门课程的信息为一个结构体变量,结构如下:

```
typedef struct
{   char kh[10];  //课号,长度 10 字符以内
    char km[25];  //课姓名,12 个汉字以内
    flaot xf;     //课程学分,为一个浮点数
}Course;
```

(3) 学生的选课信息为一个结构体变量,结构如下:

```
typedef struct
{   char xh[10];  //学号,长度 10 字符以下
    char kh[10];  //课程号
    flaot cj;     //成绩,为一个浮点数
}Select;
```

(4) 所有学生的成绩单信息为一个结构体变量,结构如下:

```
typedef struct
{    char xh[10];  //学号
```

```
char xm[20];  //姓名
float cj[30]; //各门课程成绩
float zpj;      //加权平均分
float zxf;      //总修习学分
}Score;
```

在主函数中定义结构体数组 Student slist[]，用作记录学生信息的数组存储；定义结构体数组 Course clist[]，用作记录课程信息的数组存储；定义结构体数组 Select sclist[]，用作保存学生选课信息和成绩，每名学生的一门选课对应一条记录；定义结构体数组 Score cjlist[]，用作保存所有学生的成绩信息和统计得出的平均分、总学分以及排名情况，每名学生对应一条记录。

2. 各函数功能

以下函数原型说明中出现的函数为本课程设计的基本要求。请不要随便更改函数原型。

（1）初始化数据

void init(Student slist[], int * scount, Course clist[], int * ccount, Score sclist[], int * sccount)；程序启动运行时通过指定的文件装入（如果没有指定或指定失败，则从默认的文件装入）相关必要信息，包括学生信息、课程信息已经学生选课信息，并将学生记录条数、课程记录条数以及选课记录条数分别保存到指针变量 * scount、* ccount 和 * sccount 中。

（2）建立成绩单

int create_cjlist(Select sclist[], int sccount, Course clist[], int ccount, Score cjlist[])；根据选课数组 sclist 中的学号，查询学生表中对应的姓名，把学号和姓名填入成绩单数组 cjlist 的一条记录中，再根据选课数组 sclist 中的课程号按照课程信息表中的课程顺序，把选课成绩填入到成绩单对应记录中，最后根据课程学分和所得成绩计算加权平均分和总学分。例如：某同学选了 3 门课程，成绩分别是 90、85 和 98 分，而这 3 门课程的学分分别为 2、3.5 和 3 学分，则总该同学的总修习学分为 2＋3.5＋3＝8.5 学分，加权平均分为 $(90*2+85*3.5+98*3)/8.5=85.765$ 分。

（3）显示数据

void disp_stud(Student slist[], int scount)；显示所有学生信息，每显示 10 条记录暂停一次，scount 为学生数组元素个数。

void disp_course(Course clist[], int ccount)；显示所有课程信息，每显示 10 条记录暂停一次，ccount 为课程数组元素个数。

void disp_cjlist(Score cjlist[], int cjcount, Course clist[], int ccount, Student slist[], int scount)；显示所有学生成绩单信息，每显示 10 行暂停一次，cjcount 为数组元素个数。显示的学生姓名来自学生信息表 slist，课程名来自课程信息表 clist。

上述三个显示函数运行之前都要调用排序函数，使得记录显示有序。排序函数如下：

void sort_slist(Student slist[], int scount)；按照学号升序排序。

void sort_clist(Course clist[], int ccount)；按照课程号升序排序。

void sort_cjlist(Score cjlist[], int cjcount)；按照平均成绩降序排序。

（4）数据输入

数据输入的功能主要是增加对应的数据记录，各函数的定义如下：

int input_stud(Student slist[], int scount);从键盘输入若干条学生信息记录，依次存放到学生信息结构体数组 slist 中，scount 为数组原有学生记录数，函数返回最后的学生记录数。

int input_course(Course clist[], int ccount);从键盘输入若干条课程信息记录，依次存放到课程信息结构体数组 clist 中，ccount 为数组原有课程记录数，函数返回最后的课程记录数。

上述两个函数运行时，每输入一条记录都检测是否已经存在相同记录，如果已经存在则提示是否替换，否则直接增加记录，使得函数同时具有增加记录和修改已有记录的功能。每输入完一条记录都要提示是否继续输入下一条记录，根据输入决定是否继续操作。

int input_select(Score sclist[], int sccount);从键盘输入若干条选课记录，依次存放到学生选课信息结构体数组 sclist 中，sccount 为数组原有选课记录数，函数返回最后的学生选课记录总数。如果课程暂时还没有成绩则用－1 表示。该函数除了要兼具增加和修改记录的功能外，还要保证输入数据的正确性，如果输入的学号不是学生信息表中存在的学号，或者输入的课程号不是课程信息表中存在的课程号，或者成绩超出范围（－1≤成绩≤120）则提示输入错误并要求重新输入。

（5）删除记录

int delete_stud(Student slist[], int scount);根据姓名或学号删除满足条件的若干条学生记录，返回数组中的还剩下的记录数。

int delete_course(Course clist[], int ccount);根据课程名或课程号删除满足条件的若干条课程记录，返回数组中还剩下的记录数。

int delete_select(Select sclist[], int sccount);根据学号删除满足条件的若干条选课记录，返回数组中还剩下的记录数。

（6）查询信息

void query_stud(Student slist[], int scount);根据学号或姓名查询学生记录并显示。

void query_course(Course clist[], int ccount);根据课程号或课程名查询课程记录并显示。

void query_cjlist(Score cjlist[], int cjcount, Course clist[], int ccount, Student slist[], int scount);根据学号查询成绩单，显示对应同学的所有课程成绩、平均分、学分以及排名情况，并显示。

（7）批量导出数据

void write_to_file1(Student slist[], int scount, Course clist[], int ccount, Select sclist[], int sccount);以时间序列字符串为文件名，把学生信息表、课程信息表和选课信息表分别保存到对应的磁盘文件中。例如，学生文件名为 student20190918120423.txt、课程文件名为 course20190918120430.txt、选课信息文件名为 select201909181258.txt。

void write_to_file2(Score cjlist[], int cjcount, Course clist[], int ccount, Student slist[], int scount);以时间序列字符串为文件名，把成绩单保存到磁盘文件中，包括名次、学号、姓名、性别、各门课成绩、平均分以及总学分。

第四部分

笔试样卷及答案

试卷样卷

试卷总分:100分,题型:3种

一、填空 共 10 题 (共计 20 分)

1. 以下程序运行结果是_____。

```c
#include <stdio.h>
int func(int a,int b);
int main()
{
    int k=0 , m=1 , p ;
    p=func(k,m) ;
    printf("%d,", p) ;
    p=func(k,m) ;
    printf("%d", p) ;
    return 0;
}
int func(int a,int b)
{
    static int m,i=2 ;
    i+=m+1 ;
    m=i+a+b ;
    return (m) ;

}
```

2. 设 x=72,表达式 x=(x>=60)的值为_____。

3. 以下程序的功能:输入一个三位整数,实现循环右移一位。如输入:123 <回车>,则输出为:312,请填空:

```c
#include <stdio.h>
int main()
{   int n, tmp;
    printf("请输入一个三位整数(100-999):");
    scanf("%d", &n);
    if(n>=100&&n<=999)
    {   tmp=_____;
        n=_____;
        n=tmp*100+n;
```

```
            printf("%d", n);
        }
        else
            printf("输入数据错误");
        return 0;
}
```

4. C语言中的字符变量用保留字_____来定义。

5. 运行以下程序,输入 1234 <回车>,则程序的运行结果是_____。

```
# include <stdio.h>
int main()
{   int num,c;
    scanf("%d",&num);
    do
    {   c = num % 10;
        printf("%d",c);
    }while((num /= 10)> 0);
    printf("\n");
    return 0;
}
```

6. 下列程序的输出结果是_____。

```
#define A 3
#define B(a) ((A+1)*a)
int main()
{
    int x;
    x = 3*(A+B(7));
    printf("%d\n",x);
    return 0;
}
```

7. 以下程序的运行结果是_____。

```
# include <stdio.h>
#define N 4
void fun (int a[ ][N],int b[ ])
{   int i;
    for (i = 0; i < N; i++)
        b[i] = a[i][i] - a[i][N-1-i];
}
int main( )
{   int x[N][N] = {{1,2,3,4},{5,6,7,8},{9,10,11,12},{13,14,15,16}};
```

```
    int y[N],i;
    fun(x,y);
    for (i = 0; i < N; i++)
        printf("%d,",y[i]);
    return 0;
}
```

8. 结构体是不同数据类型的数据集合,作为数据类型,必须先说明结构体_____,再说明结构体变量。

9. 以下程序的运行结果是_____。

```
#include <stdio.h>
#include <string.h>
void fun(char *w, int m)
{   char s, *p1, *p2;
    p1 = w;
    p2 = w+m-1;
    while(p1 < p2)
    {   s = *p1++; *p1 = *p2; *p2--= s; }
}
int main()
{   char a[ ] = "123456";
    fun(a,strlen(a));
    puts(a);
    return 0;
}
```

10. C语言中调用_____函数来打开文件。

二、单选 共20题 (共计40分)

1. 以下叙述中正确的是_____。

A) C语言的源程序不必通过编译就可以直接运行

B) C语言中的每条可执行语句最终都将被转换成二进制的机器指令

C) C源程序经编译形成的二进制代码可以直接运行

D) C语言中的函数不可以单独进行编译

2. 以下关于运算符优先顺序的描述中正确的是_____。

A) 关系运算符<算术运算符<赋值运算符<逻辑运算符

B) 逻辑运算符<关系运算符<算术运算符<赋值运算符

C) 赋值运算符<逻辑运算符<关系运算符<算术运算符

D) 算术运算符<关系运算符<赋值运算符<逻辑运算符

3. 下列四个选项中,均是合法整型常量的选项是_____。

A) 139, −0xffff, 012

B) −0xcde, 01a, 0xe

C) −01,986,012,0668

D) −0x48a,2e5,0x

4. putchar 函数可以向终端输出一个_____。

A) 整型变量表达式值   B) 实型变量值

C) 字符串   D) 字符或字符型变量值

5. 以下程序的运行结果是_____。

```
#include  <stdio.h>
int main()
{   int a = 12345, b = 1234;
    float c = 34567.899;
    printf("%4d\n", a);
    printf("%d\t%s\n", b, "Welcome");
    printf("%10.2f\n", c);
    return 0;
}
```

A) 12345

     1234_____Welcome   //下划线表示空格

     ____34567.90

B) 12345

     1234_____Welcome

     ____34567.90

C) 1234

     1234_____Welcome

     ____34567.89

D) 2345

     1234_____Welcome

     ____34567.899

6. 以下程序的执行结果是_____。

```
int main()
{   int w = 1, x = 2, y = 3, z = 4;
    w = (w < x )? x:w;
    w = (w < y )? y:w;
    w = (w < z )? z:w;
    printf("%d ", w);
    return 0;
}
```

A) 1   B) 2   C) 3   D) 4

7. C 语言的 switch 语句中 case 后_____。

A) 只能为常量

B) 只能为常量或常量表达式

C) 可为常量或表达式或有确定值的变量及表达式

D) 可为任何量或表达式

8. 以下语句中,循环次数不为 10 次的语句是_____。

A) for(i = 1;i < 10;i++);

B) i = 1;do{i++;}while(i < = 10);

C) i = 10;while(i > 0){-- i;}

D) i = 1;while(i < = 10){i++;}

9. 关于 if 语句,以下错误的说法是_____。

A) if 后面表达式两侧的圆括号不能省略

B) if 后面的表达式可以是 C 语言中任意合法的表达式

C) 在 if (表达式) 的后面不能加";"

D) else 子句只能和 if 配对使用,不能单独作为一个语句使用

10. 全局变量的定义不可能在_____。

A) 函数内部   B) 函数外面

C) 文件外面   D) 最后一行

11. 以下程序的运行结果是_____。

```c
#include < stdio.h >
int func( int a, int b)
{   int c;
    c = a + b;
    return c;
}
int main( )
{   int x = 6, y = 7, z = 8, r;
    r = func ((x-- , y++ , x+y) , z-- );
    printf ("%d \n", r );
    return 0;
}
```

A) 11   B) 20   C) 21   D) 31

12. 以下程序的输出是_____。

```c
#include < stdio.h >
int main( )
{   printf ("%d", NULL) ;   return 0; }
```

A) 0   B) '\0'   C) 1   D) 无定义

13. 下列定义数组的语句中正确的是_____。

A) #define size 10   char   str1[size], str2[size + 2];

B) char str[];

C) int num['10'];

D) int n = 5; int a[n][n + 2];

14. 合法的数组定义是_____。

A) int a[6] = {"string"};   B) int a[5] = {0,1,2,3,4,5};

C) char a = {"string"};   D) char a[ ] = {0,1,2,3,4,5};

15. 对结构体类型的变量的成员的访问,无论数据类型如何都可使用的运算符是_____。

A) .   B) ->   C) *   D) &

16. 以下程序的运行结果是_____。

```
#include <stdio.h>
struct ord
{   int x, y;
} dt[2] = {1,2,3,4};
int main( )
{   printf("%d,", ++(dt[0].x));
    printf("%d\n", ++(dt[1].y));
    return 0;
}
```

A) 2,5   B) 4,1   C) 3,4   D) 1,2

17. 若有语句 int * point, a = 4; 和 point = &a;下面均代表地址的一组选项是_____。

A) a,point, * &a   B) & * a,&a, * point

C) * &point, * point,&a   D) &a,& * point,point

18. 以下程序:

```
void prtv(int * x)
{   printf("%d\n", ++ * x);   }
int main( )
{   int a = 25;
    prtv(&a);
    return 0;
}
```

程序输出是_____。

A) 23   B) 24   C) 25   D) 26

19. 应用缓冲文件系统对文件进行读写操作,关闭文件的函数名为_____。

A) fclose()   B) close()   C) fread()   D) fwrite

20. 设文件指针 fp 已定义,执行语句 fp = fopen("file","w");后,以下针对文本文件 file 操作叙述的选项中正确的是 _____。

A) 只能写不能读   B) 写操作结束后可以从头开始读

C) 可以在原有内容后追加写   D) 可以随意读和写

三、程序设计   共 4 题 (每题 10 分,共计 40 分)

第 1 题题目:

求一元二次方程 $ax^2+bx+c=0$ 的 2 个实根并输出,假定 $b^2-4ac>0$,系数 a,b,c 从键盘输入,如果系数不满足 $b^2-4ac>0$,给出提示。

第 2 题题目:

编写程序统计并输出 100－200 之间所有的素数,要求:

(1) 编写函数 int isprime(int x)实现判断一个数是否是素数,若是素数返回 1,否则返回 0;

(2) 在主函数中调用 isprime 函数,打印输出所有符合条件的素数,输出格式要求一行输出 5 个素数,用 '\t' 控制列对齐。

第 3 题题目:

编写程序,实现以下功能:从键盘上输入 10 个学生的成绩,统计并输出最高分、最低分、平均分(保留 1 位小数)。要求全部功能在主函数中完成。

第 4 题题目:

求二维数组主、辅对角线元素之和。要求

(1) 在主程序中定义和初始化一个 4×4 的二维数组;

(2) 请编写函数 int fun(int a[ ][4], int n) /int fun(int (∗)[4], int n),该函数的功能是求上述二维数组主、辅对角元素之和;

(3) 在主程序中输出上述二维数组元素以及求得的和值。

(4) 二维数组初值如下:

$$
\begin{matrix}
1 & 2 & 3 & 4 \\
5 & 6 & 7 & 8 \\
9 & 10 & 11 & 12 \\
13 & 14 & 15 & 16
\end{matrix}
$$

试卷答案

一、填空题(每空 2 分,共 10 空,20 分)

(1) 4,9

(2) 1

(3) ① n%10 ② n/10

(4) char

(5) 4321

(6) 93

(7) −3−113

(8) 类型

(9) 165561

(10) fopen 或 fopen()

二、选择题(单选题,每小题 2 分,共 20 题,40 分)

1~5 BCADA 6~10 DBACA 11~15 CAADA 16~20 ADDAA

三、编程题(共 4 题,每题 10 分,共 40 分)

第 1 题参考答案:

```c
#include<stdio.h>
#include<math.h>
int main()
{
    float a,b,c;
    scanf("%f,%f,%f",&a,&b,&c);
    if(b*b-4*a*c>0)
    {
        printf("the two roots are : %f and %f",
        -b+sqrt(b*b-4*a*c)/(2.0*a),-b-sqrt(b*b-4*a*c)
        /(2.0*a));
    }
    else if(b*b-4*a*c==0)
        printf("the unique root is : %f",(-b)/(2.0*a));
    else
        printf("no real root\n");
}
```

第 2 题参考答案:

```c
#include<stdio.h>
#include<math.h>
int isprime(int x)
{
    int b,i;
    b=sqrt(x);
```

```
    for( i = 2; i < = b; i++ )
        if( x % i == 0 ) return 0;
    return 1;
}
int main()
{
    int n, i = 0;
    for( n = 100; n < = 200; n++ )
        if( isprime(n) == 1)
        {
            i++ ;
            if( i % 5 == 0 )
                printf(" % d\t\n", n);
            else
                printf(" % d\t", n);
        }
    return 0;
}
```

第 3 题参考答案：

```
# include < stdio. h >
# define N 10
int main()
{
    float a[N] , max, min, sum = 0;
    int i;
    printf( "请输入 10 个学生的成绩: " ) ;
    for( i = 0 ; i < N ; i++ )
    {
        scanf( " % f" , &a[ i ] ) ;
        sum += a[ i ];
    }
    max = min = a[ 0 ];
    for( i = 1 ; i < N ; i++ )
        if( a[ i ] > max ) max = a[ i ];
        else if( a[ i ]< min ) min = a[ i ];
    printf( "最高分为: % .1f 最低分为: % .1f 平均分为: % .1f\n" , max, min, sum /10) ;
    return 0 ;
}
```

第 4 题参考答案：

```c
#include <stdio.h>
int fun(int a[][4], int n)
{   int i,j,sum = 0;
    for(i = 0;i < n;i++)
        for(j = 0;j < n;j++)
            if(i == j || j == n - i - 1)
                sum += a[i][j];
    return sum;
}
int main()
{   int a[4][4] = {1,2,3,4,5,6,7,8,9,10,11,12,13,14,15,16};
    int i,j,sum;
    sum = fun(a,4);
    for(i = 0;i < 4;i++)
    {   for(j = 0;j < 4;j++)
            printf("%d\t",a[i][j]);
        printf("\n");
    }
    printf("sum = %d\n",sum);
    return 0;
}
```

附录 A　要求掌握的基本算法

备注:实验中已出现的题目,这里不给程序;未出现的,这里给程序。

1. 分段函数的计算,如数学分段函数、一元二次方程求解

2. 多项式累加和、累乘积(1) 根据通项大小结束;(2) 规定循环次数

3. 求素数(1) 求某范围内的素数;(2) 验证哥德巴赫猜想

4. 牛顿迭代求 a 的平方根

迭代公式为 $x_{n+1} = \dfrac{1}{2}\left(x_n + \dfrac{a}{x_n}\right)$,要求前后两次求出的 x 的差的绝对值小于 10^{-5} 。

```
#include <stdio.h>
#include <math.h>
int main()
{   float a, x0, x1;
    printf("Please input a number: ");
    scanf("%f", &a);
    x0 = a /2;
    x1 = (x0 + a /x0) /2;
    do
    {   x0 = x1;
        x1 = (x0 + a /x0) /2;
    } while(fabs(x1 - x0)>= 1e-5);
    printf("The square root of %.2f is %.3f\n", a, x1);
    return 0;
}
```

5. 求最大公约数、最小公倍数

求最大公约数算法(1) 数学定义;(2) 辗转相除法;(3) 大数减小数直至两数相等

求最小公倍数算法(1) 数学定义;(2) 两个数的乘积除以最大公约数

6. 数的分解

算法:硬性分解、循环分解、递归分解

常见例子(1) 对 n 位数正向、逆向输出;(2) 求某范围内的满足一定条件的数,如 n 位逆序数、3 位数的水仙花数;(3) 磁力数中数的分解,分解到数组元素中。

7. 数的合并

例 1:磁力数中数的合并。已知 int a[10], k i, num;数组 a 中有 k 个元素 a[0]、a[1]、…、a[k−1],其中 a[0]是最高位、a[k−1]是最低位(个位),将 a[0]到 a[k−1]合并成一个整数 num,程序段如下:

```
num = 0;
```

```
for(i = 0; i < k; i++ )  //类似于乘权求和
    num = num * 10 + a[i];
```

例2:编写程序,将一个十六进制的数字符串转换成相应的十进制整数。如字符串"A5",对应的与其等值的十进制数为165。

```
#include < stdio.h>
int htod(char * );   //函数原型声明
int main()
{   char s[80] = "A5";
    printf("%d\n", htod(s));
    return 0;
}
int htod(char s[80])
{   int i, n, num = 0;
    for(i = 0; s[i]! = '\0'; i++ )
    {   if( s[i]> = '0' && s[i]< = '9') n = s[i] - '0';
        else if( s[i]> = 'a' && s[i]< = 'f') n = s[i] - 'a' + 10;
        else n = s[i] - 'A' + 10;
        num = num * 16 + n;
    }
    return(num);
}
```

8. 一维数组排序(选择法(及其变种)、冒泡法、*插入法(*前插、*后插))

9. 一维数组逆置(含整型数组逆置和字符数串逆置等,变形:回文判定等)

10. 数组归并(或合并),指两个有序数组合并成一个有序数组。

例题如实验十一第4题。

11. 一维数组查找(顺序查找、折半查找)

12. 一维数组插入元素、删除元素

例1:给定一维升序整型数组 a[10],其前7个值为0、2、4、6、8、10、12,编写程序,要求做循环,依次将 -1、8、13插入到数组,使新数组仍为升序。

例2:删除一维数组中值为 c 的元素。例:输入一个字符串 s,输入一个字符 c,删除字符串 s 中出现的字符 c 后,输出余下的字符。例如输入字符串"warrior"及字符 'r',则结果字符串为"waio"。

13. 求一维数组元素的最大值、最小值和平均值,要求在被调函数中完成,即用数组名做参数,返回计算结果。

14. 扫描一维数组,求满足条件的元素个数,如素数个数、偶数个数、正数个数等。

15. 实现字符串基本操作,即自行编写函数完成与系统库函数 strlen()、strcpy()、strcat()、strcmp()相同的功能,如 my_strlen()。

16. 求二维数组元素的最大值、最小值和平均值,要求在被调函数中完成,即用数组名做参数,返回计算结果。

17. 二维数组转置(变种:判是否主对角线对称、求左下、右上三角形元素之和)

18. 求二维数组对角线元素之和。可以对主对角线、辅对角线元素分别求和;也可以求两条对角线元素总和,此时若二维数组为奇数阶,数组中心点元素只能累加一次。

19. 二维数组周边元素之和

算法1:数组全体元素之和减去内部元素之和

算法2:扫描数组全体元素,若元素在周边上,则累加

20. 扫描二维数组全体元素,求满足条件的元素个数,如素数个数、偶数个数、负数个数等。

＊21. 矩阵乘法

＊22. 求方程的根(弦截法,二分法,牛顿迭代法)

＊23. 定积分的计算(梯形法、矩形法)

附录 B　习题答案

第1章　C语言概述

1. B　2. A　3. A　4. A　5. B　6. A　7. D　8. B　9. D　10. A　11. C　12. 目标

第2章　数据类型、运算符和表达式

1. B　2. A　3. B　4. C　5. D　6. B　7. A　8. C　9. A　10. B　11. A　12. C　13. A
14. A　15. B　16. B　17. C　18. int char float double　19. D　20. C　21. B　22. (1) n%
10 (2) n/10　23. 1　24. D　25. C　26. 1　27. C　28. D　29. B　30. 1,2,1,1　31. 8,2 A,p,A
32. B　33. D　34. 1.0或1　35. 1 1　36. 1　37. 1　38. 5.6　39. A　40. 9,10　41. 45　42. −18
43. 3 0 1　44. 3,3　45. 6　46. C　47. 5,4,5　48. 1　49. D　50. D　51. −7　52. 249

第3章　标准设备的输入/输出

1. A　2. C　3. C　4. D　5. D　6. (1) "%lf",&r　(2) t>0&&r>=0　(3) 4.0/3*PI*r*
r*r　7. 字符　8. D　9. ffffffff　10. B

第4章　C语言的流程控制

1. C　2. C　3. C　4. yes　5. a=2,b=0　6. C　7. C　8. −1 is a negative odd　9. C
10. A　11. D　12. D　13. B　14. D　15. B　16. A　17. AB　18. a=2,b=1　19. A　20.
C　21. 3,7　22. −1,−1　23. B　24. C　25. A　26. B　27. A　28. B　29. B　30. B　31. A
32. 5050　33. (1) r<=0　(2) year%4==0&&year%100!=0||year%400==0　34. (1) r=a%b　(2)
tmp_a*tmp_b/b　35. (1) tmp　(2) tmp/=10　36. (1) f1=f1+f2　(2) f2=f2+f1　37. (1) i=2; i
<=b; i++　(2) i>=b+1　38. (1) op　(2) !y或y==0　(3) break　39. (1) t=t*i/(2*i+1)
(2) 2*pi

第5章　函　数

1. C　2. C　3. A　4. D　5. A　6. B　7. B　8. B　9. B　10. B　11. D　12. D　13. B

14. C　15. (1) retutn　(2) 1　(3) 函数的类型　(4) 无返回值　16. D　17. D　18. x = 50,y = 500,
z = 0　19. B　20. D　21. D　22. B　23. C　24. A　25. B　26. D　27. A　28. B　29. #
include < ctype.h>　30. B　31. A　32. D　33. C　34. B　35. D　36. B　37. C　38. A　39.
C　40. D　41. C　42. C　43. A　44. B　45. 2^3 = 8　46. D

第6章　编译预处理

1. A　2. B　3. C　4. C　5. D　6. A　7. 1　8. −20　9. B　10. B　11. A　12. B　13. C
14. D

第7章　数　组

1. 2　2. 9　3. B　4. D　5. D　6. B　7. C　8. A　9. B　10. A　11. D　12. D　13. C
14. B　15. D　16. C　17. 12　18. 5　9　12　19　24　26　37　48　19. 10 9 8 7 6 5 4 3 2 1
20. 4280　21. 3 5 7　22. −3　−1　1　3　23. EDCBA　24. Itisbook　25. C　26. (1) a[k + +] =
a[j]　(2) a[k] = '\0'　27. (1) b[i] = a[i][0]　(2) b[i]< a[i][k]　28. (1) i = k + 1;i < n;i + +
(2) temp = a[index];a[index] = a[k];a[k] = temp;　29. (1) up = mid − 1　(2) low = mid + 1　30. (1) *
p! = '\0'　(2) *p − '0'

第8章　结构体、共用体和枚举类型

1. D　2. D　3. A　4. D　5. C　6. A　7. B　8. C　9. 8　10. 4　8　11. 3　12. Yellow
13. 4　14. B　15. C　16. A　17. B　18. C　19. D　20. Wang:19　21. 61,70,31　22. ABCD
23. min = 0,max = 10

第9章　指　针

1. 20　2. 5　3. 数组首地址　4. (1) fun 函数的返回值为 int * 类型　(2) fun 是函数指针
5. (1) s[i] = '\0'　(2) p = s　6. (1) s[j + 1] = s[j];　(2) s[j + 1] = t;　7. (1) i + 1　(2) m − −
(3) * (a + i − 1)　8. (1) substr[k] = = str[j]　(2) i　(3) num　(4) str,substr,c　9. (1) strlen
(s) − 1　(2) j > = 0 &&j< = 9　(3) *s = '\0'　10. B　11. D　12. D　13. D　14. D　15. C　16. A
17. A　18. A　19. A　20. D　21. C　22. A　23. A　24. C　25. 6　7/h　7　6　26. 6howareyou
27. 66　28. 6　6　29. 165561　30. 9　9　11　31. D　32. 9　33. C　34. A:ABCD　B:BCD　C:CD　D:
D　35. 5,7　36. (1) i − −　(2) i > = 0

＊第10章　链表及其算法

1. struct link * next;　2. p − > next;　3. (1) p (2) p1 − > next　(3) p2　(4) NULL
4. (1) p1 − > next! = NULL && p1 − > data! = num　(2) head = head − > next　(3) p2 − > next = p1 − >
next　5. C　6. D　7. A　8. D

第11章　数据文件的使用

1. C　2. (1) fopen(fname,"w")　(2) ch　3. D　4. B　5. A　6. B　7. B